河合塾
SERIES

JN094041

入試精選問題集

理系数学の良問プラチカ

数学 III・C 四訂版

問 題 編

河合出版

河合塾
SERIES

入試精選問題集

理系数学の良問プラチカ

数学 Ⅲ・C 四訂版

問題編

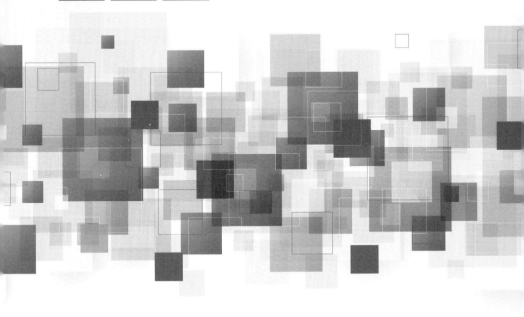

河合出版

　この問題集は数学Ⅲ・Cで出題される内容をすべて網羅するものではありません．出るか出ないかわからない雑多な事柄で頭をいっぱいにしてしまって，自分が何を勉強しているのかわからなくなっている人もいるかもしれませんね．すべての状況を想定してあれやこれやと内容をよく理解しないまま数多くの問題を練習しても，結局ほとんど力をつけられないままで本番の試験にのぞまなければならないということが多いのではないでしょうか．

　この分野の出題傾向は，昔からそうなんですが，学校の教科書でやるレベルの問題から，こんな問題ほんとうに時間内で解ける人がいるのかなと思わせるような難しい問題までさまざまです．

　この問題集は，あまりいろいろと手を広げずに，あくまでも微積分の考え方を身につけていただくことをめざして作りました．基礎はある程度できているという前提で問題を選びましたが，易しいものから難しいものまであまり先入観なしに選びました．難しいといってもこれが入試の現状です．いつも易しい問題だけ解いて満足していても仕方がないと思います．難しい問題も避けて通るわけにはいかないのです．さっぱりわからない，手がつかないとすぐにあきらめないで，じっくりと考える．それこそがほんとうの力をつける唯一の道だと思います．

　解答解説編で，【解答】のあとにある 話題と研究 は，学習に疲れた人がお茶の時間にするときのお話だと思ってまずは気楽に読んでください．時には勇み足的にレベルの高い内容が含まれることもありますが，よくわからないとか，興味がないときは読み飛ばしていただいても特に初めのうちはさしつかえありません．巻末の「さらに知りたい人のために」についても同様です．とは言っても，せっかく貴重な時間をたくさんとってする数学の勉強ですから，ただ問題を解くことだけに終始してしまうのもつまらないと思います．この2つのコーナーには，数学の好きな人なら，きっと気に入っていただける内容が入っているはずです．

　問題番号に†（ダガー）のついた問題は（やや）難しいので，あと回しにした方がいいかもしれません．また第1章の極限は，解答上いろいろな手法が使われるので，最後にやる方がよいと思います．

　がんばって勉強してください．

著者記す．

目　次

問題編 ［解答編］

第1章　極　限 ………………………………………… **4**　　［ 2 ］

第2章　微分法 ………………………………………… **9**　　［21］

第3章　積分法 ………………………………………… **14**　　［47］

第4章　2次曲線 ……………………………………… **26**　　［103］

第5章　複素数平面 …………………………………… **29**　　［115］

第6章　ベクトル ……………………………………… **33**　　［127］

さらに知りたい人のために …………………………………　［136］

第1章 極 限

1. (1) n 桁の自然数のうち，各位の数字がすべて 1 と異なるものの個数を求めよ．

(2) 自然数の逆数からなる級数

$$1+\frac{1}{2}+\frac{1}{3}+\cdots+\frac{1}{m}+\cdots$$

から，分母に数字 1 が現れる項をすべて除いて得られる級数

$$\frac{1}{2}+\frac{1}{3}+\frac{1}{4}+\frac{1}{5}+\frac{1}{6}+\frac{1}{7}+\frac{1}{8}+\frac{1}{9}+\frac{1}{20}+\frac{1}{22}+\frac{1}{23}+\cdots$$

の和は 40 を超えないことを示せ．

（岩手大）

2. a を正の定数とする．$f(x)=x^2-a$ として，グラフ $y=f(x)$ 上の点 $(x_n, f(x_n))$ における接線が x 軸と交わる点の x 座標を x_{n+1} とする．このようにして，x_1 から順に $x_2, x_3, x_4, \cdots$ をつくるとき，次の問に答えよ．ただし $x_1>\sqrt{a}$ とする．

(1) x_{n+1} を x_n を用いて表せ．

(2) $\sqrt{a}<x_{n+1}<x_n$ であることを示せ．

(3) $|x_{n+1}-\sqrt{a}|<\dfrac{1}{2}|x_n-\sqrt{a}|$ であることを示せ．

(4) $\displaystyle\lim_{n\to\infty}x_n$ を求めよ．

（名古屋大）

3. n が自然数のとき，

(1) 不等式 $n! \geqq 2^{n-1}$ が成り立つことを証明せよ．

(2) 不等式 $1 + \dfrac{1}{1!} + \dfrac{1}{2!} + \cdots + \dfrac{1}{n!} < 3$ が成り立つことを証明せよ．

（佐賀大）

4. $\left\{\dfrac{1}{a_n}\right\}$ は，初項 $\dfrac{1}{a}$，公差 d の等差数列とする．このとき，

$\displaystyle\lim_{n\to\infty}(a_1a_2 + a_2a_3 + \cdots + a_na_{n+1})$ を求めよ．

（東北大）

5. 数列 $\{a_n\}$ の初項 a_1 から第 n 項までの和を S_n と表す．この数列が
$$a_1 = 1, \quad \lim_{n\to\infty}S_n = 1, \quad n(n-2)a_{n+1} = S_n \quad (n \geqq 1)$$
を満たすとき，一般項 a_n を求めよ．

（京都大）

6. 実数 x に対して，x を超えない最大の整数を $[x]$ で表す．n を正の整数とし
$$a_n = \sum_{k=1}^{n} \frac{\left[\sqrt{2n^2 - k^2}\,\right]}{n^2}$$
とおく．このとき，$\displaystyle\lim_{n\to\infty}a_n$ を求めよ．

（大阪大）

7. (1) n を 2 以上の整数とするとき，$\dfrac{\log n}{n-1} > \dfrac{\log(n+1)}{n}$ を証明せよ．

(2) n を 3 以上の整数とするとき，$(n!)^2 > n^n$ を証明せよ．

（千葉大）

8. 数列 $\{x_i\}$ が次の漸化式を満たしている.

$$x_{i+1} = \frac{x_i^2 + 1}{2} \quad (i = 1, 2, 3, \cdots).$$

(1) すべての自然数 i に対して, $x_{i+1} \geqq x_i$ が成り立つことを示せ.

(2) $|x_1| \leqq 1$ のとき, すべての自然数 i に対して $x_i \leqq 1$ であることを示せ.

(3) 自然数 n に対して, 等式 $x_{n+1} - x_1 = \dfrac{1}{2} \sum_{i=1}^{n} (x_i - 1)^2$ が成り立つことを示せ.

(4) $|x_1| \leqq 1$ のとき, $x_{n+1} - x_1 \geqq \dfrac{n}{2}(x_n - 1)^2$ が成り立つことを示せ.

(5) 初項 x_1 の値に応じて, 数列 $\{x_i\}$ の収束, 発散について調べ, 収束するときは極限値を求めよ.

（お茶の水女子大）

9.† xy 平面上に 2 つの円

$$C_0 : x^2 + \left(y - \frac{1}{2}\right)^2 = \frac{1}{4}, \quad C_1 : (x-1)^2 + \left(y - \frac{1}{2}\right)^2 = \frac{1}{4}$$

をとり, C_2 を x 軸と C_0, C_1 に接する円とする. さらに, $n = 2, 3, \cdots$ に対して C_{n+1} を x 軸と C_{n-1}, C_n に接する円で C_{n-2} とは異なるものとする. C_n の半径を r_n, C_n と x 軸の接点を $(x_n, 0)$ として,

$$q_n = \frac{1}{\sqrt{2r_n}}, \quad p_n = q_n x_n$$

とおく.

(1) q_n は整数であることを示せ.

(2) p_n も整数で, p_n と q_n は互いに素であることを示せ.

(3) α を $\alpha = \dfrac{1}{1+\alpha}$ を満たす正の数として, 不等式

$$|x_{n+1} - \alpha| < \frac{2}{3}|x_n - \alpha|$$

を示し, $\lim_{n \to \infty} x_n$ を求めよ.

（東京大）

10. 2つの数列 $\{a_n\}$, $\{b_n\}$ を次のように定める.

$$(\mathcal{P})\quad a_1=1,\ b_1=1,\qquad (\mathcal{A})\ \begin{cases} a_{n+1}=a_n+2b_n, \\ b_{n+1}=a_n+b_n \end{cases} (n\geqq1).$$

(1) すべての n について $|a_n{}^2-2b_n{}^2|=1$ が成り立つことを示せ.

(2) すべての n について a_n と b_n の最大公約数は1であることを示せ.

(3) $\displaystyle\lim_{n\to\infty}\frac{a_n}{b_n}=\sqrt{2}$ であることを示せ.

（愛知教育大）

11. † 初項 $a_1=1$ とし, $n\geqq2$ に対し,

$$a_n=\begin{cases} a_{n-1}-\dfrac{1}{n} & (a_{n-1}\geqq0\ \text{のとき}), \\[2mm] a_{n-1}+\dfrac{1}{n} & (a_{n-1}<0\ \text{のとき}) \end{cases}$$

で定められる数列 $\{a_n\}$ について,

(1) a_2, a_3, a_4, a_5 を求めよ.

(2) すべての自然数 n に対し, $|a_n|\leqq\dfrac{1}{n}$ が成り立つことを示し, $\displaystyle\lim_{n\to\infty}a_n$ を求めよ.

(3) $n\geqq2$ のとき, 連続する3項 a_n, a_{n+1}, a_{n+2} は, 同時に正, または同時に負にはならないことを証明せよ.

（九州大）

12.† 数列 $\{a_n\}$ が

$$a_k < a_{k+1} \quad (k=1,\ 2,\ \cdots), \quad a_2=1,$$

および

$$a_{kl}=a_k+a_l \quad (k=1,\ 2,\ \cdots,\ l=1,\ 2,\ \cdots)$$

を満たすとする.

(1) k を 2 以上の自然数とする.自然数 n が与えられたとき

$$2^{m-1} \leqq k^n < 2^m$$

を満たす自然数 m が存在することを示せ.

(2) $k,\ n$ を自然数とするとき,$a_{k^n}=na_k$ であることを示せ.

(3) $k,\ n$ を自然数とするとき,不等式

$$-1 < n(a_k-\log_2 k) < 1$$

が成立することを示せ.

(4) 数列 $\{a_n\}$ の一般項を求めよ.

(大阪大)

第2章 | 微分法

13. (1) $a>0$ とする. $x\geqq1$ の範囲で $\dfrac{\log x}{x^a}$ の最大値を求めよ.

(2) $p>1$ のとき, $\lim\limits_{n\to\infty}(n!)^{\frac{1}{n^p}}=1$ であることを示せ.

（お茶の水女子大）

14. すべての正の実数 x について $x^{\sqrt{a}}\leqq a^{\sqrt{x}}$ となる正の実数 a を求めよ.

（筑波大）

15. (1) $x\geqq0$ のとき, 不等式 $e^x\geqq1+\dfrac{1}{2}x^2$ が成立することを示せ.

(2) 自然数 n に対して関数 $f_n(x)=n^2(x-1)e^{-nx}$ の $x\geqq0$ における最大値を M_n とする. このとき, $\sum\limits_{n=1}^{\infty}M_n$ を求めよ.

（京都大）

16. 2つの曲線 $C_1:y=\dfrac{\log x}{x^2}$ と $C_2:y=a\log x\ (0<a<1)$ がある.

(1) C_1 のグラフを描け.

(2) C_1 と C_2 で囲まれた部分の面積を $S(a)$ とする. $S(a)$ を a の式で表せ.

(3) $\lim\limits_{a\to+0}S(a)$ を求めよ.

（横浜国立大）

17. (1) n を自然数とし，e を自然対数の底とする．このとき，任意の正数 x に対して，

$$\log x \leqq \frac{n}{e} x^{\frac{1}{n}}$$

を証明せよ．

(2) (1)を用いて，$x>0$ において関数 $y=\dfrac{\log x}{x}$ の増減を調べ，そのグラフをかけ．

(3) 正数 a, b が $a^b=b^a$ および $a<b$ を満たすとき，a の範囲を求めよ．

（名古屋大）

18. (1) $x>0$ のとき，$\dfrac{x^2}{2}<e^x$ が成り立つことを証明せよ．

(2) 極限値 $\displaystyle\lim_{x\to\infty}\frac{\log x}{x}$ を求めよ．

(3) k を定数とするとき，x に関する方程式 $\log x=kx$ の解の個数を求めよ．

（武蔵工業大）

19. 正の実数 a, b, p に対して，$A=(a+b)^p$ と $B=2^{p-1}(a^p+b^p)$ の大小関係を調べよ．

（東京工業大）

20. (1) $0<p<1$ と $0<\theta_1,\ \theta_2<\pi$ を満たす p と $\theta_1,\ \theta_2$ に関して，不等式
$$p\sin\theta_1+(1-p)\sin\theta_2\leqq\sin\{p\theta_1+(1-p)\theta_2\}$$
が成り立つことを示せ．

(2) 2以上の自然数 n と $0<\theta_1,\ \theta_2,\ \cdots,\ \theta_n<\pi$ に対して，不等式
$$\frac{\sin\theta_1+\sin\theta_2+\cdots+\sin\theta_n}{n}\leqq\sin\left(\frac{\theta_1+\theta_2+\cdots+\theta_n}{n}\right)$$
が成り立つことを証明せよ．

(3) 定円に内接する n 角形が円の中心を内部に含んでいるとする．このような n 角形のうちで，面積が最大であるものは，正 n 角形であることを証明せよ．

（福井医科大）

21. (1) $x>0$ のとき，不等式 $\dfrac{x}{1+x}<\log(1+x)<x$ が成り立つことを示せ．

(2) 数列 $\{a_n\}$ は $a_n>0\ (n=1,\ 2,\ \cdots)$ かつ $\displaystyle\lim_{n\to\infty}a_n=\alpha$ を満たすとする．このとき，$\displaystyle\lim_{n\to\infty}\left(1+\frac{a_n}{n}\right)^n=e^\alpha$ が成り立つことを(1)の結果を用いて示せ．

（滋賀県立大）

22. 正の整数 n に対して，$f_n(x)=(e^x-e^{-x})^n$ とする．

(1) $f_n{}'(0)$ を求めよ．

(2) 次を示せ．
$$\sum_{k=0}^{n}(-1)^k(n-2k)_n\mathrm{C}_k=\begin{cases}2 & (n=1\ \text{のとき}),\\0 & (n\geqq2\ \text{のとき}).\end{cases}$$

（東北大）

23. 関数 $f(x)=x^3\left(\log x-\dfrac{4}{3}\right)$ $(x>0)$ について，次の問に答えよ．

(1) $y=f(x)$ の増減，極値，グラフの凹凸および変曲点を調べ，曲線 $y=f(x)$ の概形をかけ．ただし，必要ならば $\displaystyle\lim_{x\to 0}x\log x=0$ を用いてもよい．

(2) 曲線 $y=f(x)$ 上の点 $(x,\ f(x))$ における接線の y 切片を $F(x)$ とする．$F(x)$ を求めよ．

(3) 関数 $F(x)$ が最大値をとるときの x の値 x_0 を求めよ．

(4) $x_0\leqq a<b$ のとき $\dfrac{f(b)-f(a)}{b-a}>-\dfrac{3}{2}e$ が成り立つことを示せ．

（静岡大）

24. m を 2 以上の自然数，e は自然対数の底とする．

(1) 方程式 $xe^x-me^x+m=0$ を満たす正の実数 x の値はただ 1 つであることを示せ．またその値を c とするとき，$m-1<c<m$ となることを示せ．

(2) $x>0$ の範囲で $f(x)=\dfrac{e^x-1}{x^m}$ は $x=c$ で最小となることを示せ．

(3) a_m を (2) で求められる $f(x)$ の最小値とするとき，$\displaystyle\lim_{m\to\infty}\dfrac{\log a_m}{m\log m}$ を求めよ．

（九州大）

25. $0<a<1$ であるような定数 a に対して，次の方程式で表される曲線 C を考える．

$$C : a^2(x^2+y^2)=(x^2+y^2-x)^2$$

(1) C の極方程式を求めよ．

(2) C と x 軸および y 軸との交点の座標を求め，C の概形を描け．

(3) $a=\dfrac{1}{\sqrt{3}}$ とする．C 上の点の x 座標の最大値と最小値および y 座標の最大値と最小値をそれぞれ求めよ．

（東北大）

26. (1) 関数 $f(x)$ が $x=a$ で微分可能であることの定義を述べよ．また，$x=a$ で微分可能であるとき，その微分係数 $f'(a)$ の定義を述べよ．

(2) a は 0 でない実数とする．$f(x)=\dfrac{1}{x}$ とするとき，$f(x)$ は $x=a$ で微分可能か．もし微分可能でないならその理由を(1)の解答に従って説明し，もし微分可能ならば $f(x)$ の $x=a$ での微分係数 $f'(a)$ を(1)で述べた定義に従って求めよ．

(3) 関数 $f(x)$ は連続な単調増加関数とし，$x\geqq 0$ のとき $f(x)\geqq 0$ とする．$y=f(x)$ のグラフ，x 軸，y 軸，直線 $x=t$ $(t>0)$ で囲まれた部分の面積を $S(t)$ とする．このとき，$S'(a)=f(a)$ $(a>0)$ であることを証明せよ．

（広島大）

第3章 | 積分法

27. (1) n を正の整数とする. $t \geqq 0$ のとき, 不等式 $e^t > \dfrac{t^n}{n!}$ が成り立つこと
を数学的帰納法で示せ.

(2) 極限 $I_m = \displaystyle\lim_{t \to \infty} \int_0^t x^m e^{-x} dx$ $(m = 0, 1, 2, \cdots)$ を求めよ.

(東北大)

28. n を正の整数とするとき, 定積分 $\displaystyle\int_0^\pi e^x |\sin nx| dx$ を求めよ.

(弘前大)

29. 関数 $f(x) = xe^{-\frac{x^2}{2}}$ について次の問に答えよ.

(1) $y = f(x)$ の概形を描け. ただし, $\displaystyle\lim_{x \to \infty} f(x) = 0$ は用いてよい.

(2) 不定積分 $\displaystyle\int f(x) dx$ を求めよ.

(3) α を正の定数とするとき, x 軸上の点 $(\alpha, 0)$ から $y = f(x)$ へ引ける接
線の数を求めよ.

(お茶の水女子大)

30. 次の (1), (2), (3) を示せ.

(1) $\log(n+1) < 1 + \dfrac{1}{2} + \dfrac{1}{3} + \cdots + \dfrac{1}{n}$ $(n=1,\ 2,\ 3,\ \cdots)$.

(2) $\displaystyle\lim_{n\to\infty}\frac{1}{\log n}\sum_{k=1}^{n}\frac{1}{k}=1$.

(3) $\displaystyle\lim_{n\to\infty}\frac{1}{\log n}\int_{1}^{n+1}\left|\frac{\sin \pi x}{x}\right|dx=\int_{0}^{1}\sin \pi y\, dy=\frac{2}{\pi}$.

（金沢大）

31. (1) $x>0$ のとき, $\log x < \sqrt{x}$ を示せ.

(2) $\displaystyle\lim_{x\to\infty}\frac{\log x}{x}=0$ を示せ.

(3) $\displaystyle\int_{1}^{n}\log x\, dx < \log(n!) < \int_{1}^{n+1}\log x\, dx$ を示せ.

(4) $k_n=\left(\dfrac{n!}{n^n}\right)^{\frac{1}{n}}$ とするとき, $\displaystyle\lim_{n\to\infty}k_n=\dfrac{1}{e}$ を示せ.

（名古屋市立大）

32. 微分可能な関数 $f(x)$ は等式 $f(x)=-e^{-x}-\displaystyle\int_{0}^{x}f(t)\,dt$ を満たすとする.

(1) $g(x)=e^x f(x)$ とするとき, $g'(x)=1$ であることを示せ.

(2) $f(x)$ を求めよ.

(3) $f(x)$ の最大値を求めよ.

（奈良女子大）

33. (1) 不定積分 $\displaystyle\int \frac{1}{\cos\theta}\,d\theta$ を求めよ.

(2) 媒介変数 θ を用いて

$$\begin{cases} x(\theta)=\displaystyle\int_0^\theta (1+\tan u)\,du, \\[2mm] y(\theta)=\displaystyle\int_0^\theta (1-\tan u)\,du \end{cases} \qquad \left(0\le\theta\le\frac{\pi}{3}\right)$$

で表される曲線の長さを求めよ.

(広島大)

34. $I_n=\displaystyle\int_0^1 x^n e^{-x}\,dx$ とするとき,

(1) I_n と I_{n-1} の関係式をつくれ.

(2) I_n を求めよ.

(琉球大)

35. 数列 $\{a_n\}$ を $a_n=\displaystyle\int_0^1 x^n e^x\,dx$ $(n=0,\ 1,\ 2,\ \cdots)$ で定める. このとき

(1) a_{n+1} と a_n の関係式を求めよ.

(2) 自然数 n に対して, $a_n=b_n e+c_n$ となる整数 b_n, c_n があることを数学的帰納法を用いて証明せよ.

(3) $\displaystyle\lim_{n\to\infty}\frac{b_n}{c_n}=-\frac{1}{e}$ を示せ.

(新潟大)

36. n を 0 以上の整数として，不定積分 I_n を

$$I_n = \int_0^{\frac{\pi}{2}} \sin^n x\, dx$$

とするとき，次の問に答えよ．

(1) n が 2 以上の整数であるとき，

$$I_n = \frac{n-1}{n} I_{n-2}$$

が成り立つことを示せ．

(2) I_3 と I_4 の値を求めよ．

（信州大）

37.
$$x_n = \int_0^{\frac{\pi}{2}} \cos^n \theta\, d\theta \quad (n = 0,\ 1,\ 2,\ \cdots)$$

によって定義される数列 $\{x_n\}$ について，次の問に答えよ．

(1) $n \geqq 1$ のとき，$x_{n-1} \cdot x_n$ 値を求めよ．

(2) 不等式

$$x_n > x_{n+1} \quad (n = 0,\ 1,\ 2,\ \cdots)$$

が成り立つことを示せ．

(3) $\displaystyle \lim_{n \to \infty} n x_n^2$ の値を求めよ．

（名古屋市立大）

38. 0 以上の整数 n に対して，関数 $f_n(x) = x^n e^{1-x}$ と，その定積分

$a_n = \displaystyle\int_0^1 f_n(x)\, dx$ を考える．ただし，e は自然対数の底である．次の問に答え

よ．

(1) $n \geqq 1$ のとき，区間 $0 \leqq x \leqq 1$ 上で $0 \leqq f_n(x) \leqq 1$ であることを示し，さ
らに $0 < a_n < 1$ が成り立つことを示せ．

(2) a_1 を求めよ．$n > 1$ に対して a_n と a_{n-1} の間の漸化式を求めよ．

(3) e は無理数であることを示せ．

（大阪大）

39. π を円周率とする．次の定積分について考える．ただし，$0!=1$ である．

$$I_n=\frac{\pi^{n+1}}{n!}\int_0^1 t^n(1-t)^n \sin\pi t\,dt \quad (n=0,\ 1,\ 2,\ \cdots).$$

(1) I_0, I_1 の値を求めよ．また漸化式

$$I_{n+1}=\frac{4n+2}{\pi}I_n-I_{n-1} \quad (n=1,\ 2,\ 3,\ \cdots)$$

が成立することを示せ．

(2) 任意の正の数 a に対して，$\lim_{n\to\infty}a^n I_n$ の値を求めよ．ただし，任意の正の数 b に対して成立する次の公式

$$\lim_{n\to\infty}\frac{b^n}{n!}=0$$

は用いてもよい．

(3) π が無理数であることを示せ．

(大阪大)

40. 関数 $f_n(x)$ $(n=1,\ 2,\ 3,\ \cdots)$ は

$$f_1(x)=4x^2+1,$$

$$f_n(x)=\int_0^1\Big(3x^2tf_{n-1}{}'(t)+3f_{n-1}(t)\Big)dt \quad (n=2,\ 3,\ 4,\ \cdots)$$

で帰納的に定義されている．この $f_n(x)$ を求めよ．

(京都大)

41. 極限値 $\displaystyle\lim_{n\to\infty}\int_0^{\frac{\pi}{2}}\frac{\sin^2 nx}{1+x}dx$ を求めよ．

(東京工業大)

42. 次の極限値を求めよ.

$$\lim_{n\to\infty}\int_0^{n\pi} e^{-x}|\sin nx|\,dx.$$

（京都大）

43. 次の問に答えよ.

(1) m を正の整数, a, b を $a<b$ である正の実数とするとき, 不等式

$$ma^{m-1}\leqq\frac{b^m-a^m}{b-a}\leqq mb^{m-1}$$

が成立することを示せ.

(2) 極限 $\displaystyle\lim_{n\to\infty}\sum_{k=1}^{2n}(-1)^k\left(\frac{k}{2n}\right)^{100}$ を求めよ.

（京都大）

44. m を自然数とし, $x>0$ とするとき, 次の問に答えよ.

(1) 次の不等式を示せ.

$$\log(1+x)>x-\frac{1}{2}x^2+\frac{1}{3}x^3-\frac{1}{4}x^4+\cdots-\frac{1}{2m}x^{2m}.$$

(2) 次の不等式を示せ.

$$\log(1+x)<x-\frac{1}{2}x^2+\frac{1}{3}x^3-\frac{1}{4}x^4+\cdots+\frac{1}{2m+1}x^{2m+1}.$$

(3) (1), (2) を使って $\log 1.1$ の値を小数点以下 3 桁まで求めよ.

（奈良教育大）

45. n を 2 以上の自然数とする．数列 $\{S_n\}$ が

$$S_n = 1 + \frac{1}{2} + \frac{1}{3} + \cdots + \frac{1}{n}$$

で与えられている．

(1) 不等式 $\log(n+1) < S_n < 1 + \log n$ が成り立つことを示せ．

(2) 一般に数列 $\{c_k\}$ に対して

$$\varDelta c_k = c_{k+1} - c_k \quad (k=1,\ 2,\ \cdots)$$

とおく．数列 $\{a_k\}$ と $\{b_k\}$ に対して，

$$\sum_{k=1}^{n-1} a_k \varDelta b_k = a_n b_n - a_1 b_1 - \sum_{k=1}^{n-1} b_{k+1} \varDelta a_k$$

が成り立つことを示せ．また $\sum_{k=1}^{n-1} kS_k = \left(S_n - \frac{1}{2}\right)p(n)$ となる n の整式

$p(n)$ を求めよ．

(3) 不等式

$$\left| \frac{2}{n(n-1)} \sum_{k=1}^{n-1} kS_k - \log n \right| < \frac{1}{2}$$

が成り立つことを示せ．

（九州大）

46. 0 以上の整数 n に対して，$I(n) = \sum_{k=0}^{n} \frac{(-1)^k}{2k+1} {}_n\mathrm{C}_k$ とおく．ただし，${}_0\mathrm{C}_0 = 1$

である．次の問に答えよ．

(1) $I(n) = \displaystyle\int_0^1 (1-y^2)^n \, dy$ であることを示せ．

(2) $I(n) = \displaystyle\int_0^{\frac{\pi}{2}} \cos^{2n+1} x \, dx$ であることを示せ．

(3) $\displaystyle\lim_{n \to \infty} \frac{I(n)}{I(n-1)} = 1$ であることを示せ．必要であれば次の等式（証明はしな

くてよい）を用いよ．

$$\frac{d}{dx}(\cos^{2n} x \cdot \sin x) = (2n+1)\cos^{2n+1} x - (2n)\cos^{2n-1} x.$$

（お茶の水女子大）

47. (1) $f(x)=\dfrac{e^x}{e^x+1}$ のとき，$y=f(x)$ の逆関数 $y=g(x)$ を求めよ．

　　(2) (1)の $f(x)$, $g(x)$ に対し，次の等式が成り立つことを示せ．

$$\int_a^b f(x)\,dx+\int_{f(a)}^{f(b)} g(x)\,dx=bf(b)-af(a).$$

（東北大）

48. 実数 a, b に対して，直線 $l:y=ax+b$ は曲線 $C:y=\log(x+1)$ と，x 座標が $0\le x\le e-1$ を満たす点で接しているとする．

　　(1) このときの点 (a, b) の存在範囲を求め，ab 平面上に図示せよ．

　　(2) 曲線 C および3つの直線 l, $x=0$, $x=e-1$ で囲まれた図形の面積を最小にする a, b の値と，このときの面積を求めよ．

（名古屋大）

49. 関数 $f(x)$ を $f(x)=\displaystyle\int_0^x \dfrac{1}{1+t^2}\,dt$ で定める．

　　(1) $y=f(x)$ の $x=1$ における法線の方程式を求めよ．

　　(2) (1)で求めた法線と x 軸および $y=f(x)$ のグラフによって囲まれる図形の面積を求めよ．

（京都大）

50. $\displaystyle\int_0^\pi e^x\sin^2 x\,dx>8$ であることを示せ．

　　ただし，$\pi=3.14\cdots$ は円周率，$e=2.71\cdots$ は自然対数の底である．

（東京大）

51. 定積分 $\displaystyle\int_0^\pi (e^{-x} - p\cos x - q\sin x)^2\,dx$ の値を最小にする実数 p, q の値を求めよ.

(筑波大)

52. 以下の問に答えよ. ただし, m, n, N は正の整数である.

(1) 次式を証明せよ.

$$\int_0^\pi \sin mx \sin nx\,dx = \begin{cases} \dfrac{\pi}{2} & (m = n), \\[2mm] 0 & (m \neq n). \end{cases}$$

(2) 次式を証明せよ.

$$\int_0^\pi x \sin mx\,dx = (-1)^{m+1}\frac{\pi}{m}.$$

(3) 領域 $0 \leq x \leq \pi$ において, 曲線

$$y = |x - a_1 \sin x - a_2 \sin 2x - \cdots - a_N \sin Nx|$$

と x 軸で囲まれた領域を x 軸の周りに1回転してできる立体の体積を最小にする係数 a_1, a_2, $\cdots$, a_N の値を求めよ.

(名古屋大)

53. $n = 0, 1, 2, \cdots$ に対して, $I_n = \displaystyle\int_0^1 \frac{x^{2n}}{1+x^2}\,dx$ とおく. 次を示せ. ただし, $x^0 = 1$ とする.

(1) $I_0 = \dfrac{\pi}{4}$, $\ I_{n+1} = \dfrac{1}{2n+1} - I_n$.

(2) $I_n = (-1)^n\left(\dfrac{\pi}{4} - \displaystyle\sum_{k=0}^{n-1}\dfrac{(-1)^k}{2k+1}\right)$ $(n = 1, 2, 3, \cdots)$.

(3) I_n の定義式より, 不等式 $\dfrac{1}{2(2n+1)} < I_n < \dfrac{1}{2n+1}$ が成り立つ.

(金沢大)

54. 座標平面上に原点 O を中心とする半径 2 の円 C_1 がある. 半径 1 の円 C_2 が C_1 に外接しながら滑ることなく転がるとき, C_2 上の定点 P が描く曲線について考える. C_2 の中心を Q とし, Q が点 $(3, 0)$ にあるとき, P は点 $(4, 0)$ にあるとする. このとき, x 軸の正の方向から線分 OQ へ測った角を θ として, 以下に答えよ.

(1) Q を始点として x 軸の正の方向に平行で同じ向きの半直線から線分 QP へ測った角は 3θ であることを示せ.

(2) 点 P の座標 (x, y) を θ で表せ.

(3) $0 \leqq \theta \leqq 2\pi$ において y の最大値を求めよ.

(4) θ が $0 \leqq \theta \leqq 2\pi$ の範囲を動くとき, 点 P の描く曲線の長さを求めよ.

（福井医科大）

55. 平面上の曲線 C が媒介変数 t を用いて
$$x = \sin t - t \cos t, \quad y = \cos t + t \sin t \quad (0 \leqq t \leqq \pi)$$
で与えられている.

(1) 曲線 C の長さを求めよ.

(2) 曲線 C 上の各点 P における接線と P で直交する直線を考える. この直線上の点で原点までの距離が最短となる点は P を動かすときどんな図形を描くか.

(3) $\displaystyle \int_0^\pi t \sin 2t \, dt$ を求めよ.

(4) 曲線 C と y 軸および直線 $y = -1$ で囲まれる図形の面積 S を求めよ.

（九州大）

56. 座標平面上で，点 Q は点 P を中心とする半径 r の円周上を毎秒 ω ラジアン（$\omega > 0$）の速さで正の向きに等速回転している．さらに点 P は原点を中心とする半径 1 の円周上を毎秒 1 ラジアンの速さで正の向きに等速回転している．

時刻 $t=0$ において P は点 $(1,\ 0)$，Q は点 $(r+1,\ 0)$ にあるとして，以下に答えよ．

(1) ある時刻において点 Q の加速度が零ベクトルになったとする．$r=\dfrac{1}{3}$ のとき，ω の値を求めよ．

(2) $r=\dfrac{1}{2}$，$\omega=2$ とする．時刻 $t=0$ から $t=2\pi$ までの間に Q が動いた道のりを求めよ．

（東京医科歯科大）

57.[†] (1) $f(x)$ は $a \le x \le b$ で連続な関数とする．このとき，

$$\frac{1}{b-a}\int_a^b f(x)\,dx = f(c),\ a \le c \le b$$

となる c が存在することを示せ．

(2) $y=\sin x$ の $0 \le x \le \dfrac{\pi}{2}$ の部分と $y=1$ および y 軸が囲む図形を，y 軸のまわりに回転して得られる立体を考える．この立体を y 軸に垂直な $n-1$ 個の平面によって各部分の体積が等しくなるように n 個に分割するとき，$y=1$ に最も近い平面の y 座標を y_n とする．このとき，$\lim\limits_{n\to\infty} n(1-y_n)$ を求めよ．

（京都大）

58. n を自然数とする.

(1) 次の極限を求めよ.

$$\lim_{n\to\infty}\frac{1}{\log n}\left(1+\frac{1}{2}+\frac{1}{3}+\cdots+\frac{1}{n}\right).$$

(2) 関数 $y=x(x-1)(x-2)\cdots(x-n)$ の極値を与える x の最小値を x_n とする. このとき

$$\frac{1}{x_n}=\frac{1}{1-x_n}+\frac{1}{2-x_n}+\cdots+\frac{1}{n-x_n}$$

および $0<x_n\leqq\dfrac{1}{2}$ を示せ.

(3) (2) の x_n に対して, 極限 $\lim_{n\to\infty}x_n\log n$ を求めよ.

(東京工業大)

59.[†] $f(x)$ を実数全体で定義された連続関数で, $x>0$ で $0<f(x)<1$ を満たすものとする. $a_1=1$ とし, 順に,

$$a_m=\int_0^{a_{m-1}}f(x)\,dx \quad (m=2,\ 3,\ 4,\ \cdots)$$

により数列 $\{a_m\}$ を定める.

(1) $m\geqq 2$ に対し, $a_m>0$ であり, かつ $a_1>a_2>\cdots>a_{m-1}>a_m>\cdots$ となることを示せ.

(2) $\dfrac{1}{2002}>a_m$ となる m が存在することを背理法を用いて示せ.

(名古屋大)

第4章 | 2次曲線

60. 直線 $y=x$ $(0 \leqq x \leqq a)$ を y 軸のまわりに1回転してできる容器がある．回転軸を鉛直にしてこの容器に水をいっぱいに満たした後，右図のように，静かに θ ラジアンを傾けて水を出し，そのままに保った．このとき，水面の面積 $S(\theta)$ を求めよ．

(名古屋大)

61. 楕円 $C : \dfrac{x^2}{a^2} + \dfrac{y^2}{b^2} = 1$ の焦点を F, F' とする．ただし，$a>b>0$ とする．

(1) C 上の点 P で $\angle \mathrm{FPF'} = 60°$ を満たすものがあるための a, b の条件を求めよ．

(2) (1)の性質を満たす P の座標をすべて求めよ．

(福井医科大)

62. 2つの双曲線 $C : x^2 - y^2 = 1$, $D : x^2 - y^2 = -1$ を考える．C 上の点 $\mathrm{P}(a, b)$ $(a>0)$ に対して，C の P における接線と D との2交点を Q, Q' とする．そして，D の Q における接線と D の Q' における接線との交点を R とする．このように点 P に対して点 R を対応させる．点 P が C の $x>0$ の部分を動くとき，点 R の軌跡を求めよ．

(早稲田大)

63. 双曲線 $x^2-y^2=1$ を C とする. C 上の 2 点 P(r, s), Q(t, u) に対し, 点 $(rt+su, ru+st)$ を P*Q と表す.

(1) C 上の 2 点 P, Q に対し, 点 P*Q も C 上の点であることを示せ.

(2) C 上の点 E は C 上のどの点 P に対しても P*E＝P を満たすという. 点 E の座標を求めよ.

(3) C 上の点 P(r, s) に対し, P*X＝E となる C 上の点 X の座標を求めよ.

(4) 双曲線 C のうち, x 座標が正である部分を C' とする. C' 上の 2 点 P, Q に対し, 点 P*Q も C' 上の点であることを示せ.

(愛媛大)

64. 座標平面上に, 双曲線 $C : x^2-y^2=1$ と A$(2, 0)$ がある.

(1) 点 A を通り双曲線 C と 1 点のみで交わる直線を求めよ.

(2) 直線 l が点 A を通り双曲線 C と相異なる 2 点で交わるように動くとき, この 2 点の中点は, ある 1 つの双曲線上にあることを示せ.

(名古屋大)

65. 方程式 $2x^2-2xy+y^2-4x+3=0$ の表す曲線を C とするとき,

(1) 点 P(x, y) が曲線 C 上を動くとき, 原点 O と点 P を通る直線の傾き $\dfrac{y}{x}$ の最大値と最小値を求めよ. またそのときの x, y の値を求めよ.

(2) 曲線 C で囲まれた図形の面積を求めよ.

(信州大)

66. 楕円 $\dfrac{x^2}{a^2}+\dfrac{y^2}{b^2}=1$ $(a>b>0)$ 上に $\mathrm{OP}\perp\mathrm{OQ}$ を満たしながら動く2点 P,
Q がある。ただし，O は原点である。次に答えよ。

(1) $\dfrac{1}{\mathrm{OP}^2}+\dfrac{1}{\mathrm{OQ}^2}$ は一定であることを示せ。

(2) $\mathrm{OP}\cdot\mathrm{OQ}$ の最小値を求めよ。

(信州大)

67. $a,\ b$ を正の実数とし，xy 平面上の楕円

$\dfrac{x^2}{a^2}+\dfrac{y^2}{b^2}=1$ に4点で外接する長方形を考える。

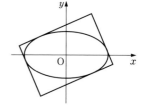

(1) このような長方形の対角線の長さは，長方形
のとり方によらず一定であることを証明せよ。
また，対角線の長さを $a,\ b$ を用いて表せ。

(2) このような長方形の面積の最大値を $a,\ b$ を用いて表せ。

(慶応義塾大)

第5章 | 複素数平面

68. 複素数 a_n $(n=1, 2, \cdots)$ をつぎのように定める.

$$a_1 = 1+i, \quad a_{n+1} = \frac{a_n}{2a_n - 3}.$$

ただし, i は虚数単位である. このとき以下の問いに答えよ.

(1) 複素数平面上の3点 0, a_1, a_2 を通る円の方程式を求めよ.

(2) すべての a_n は(1)で求めた円上にあることを示せ.

(北海道大)

69. 複素数 α に対してその共役複素数を $\bar{\alpha}$ であらわす. α を実数ではない複素数とする. 複素平面内の円 C が 1, -1, α を通るならば, C は $-\dfrac{1}{\bar{\alpha}}$ も通ることを示せ.

(京都大)

70. α, β, γ は互いに相異なる複素数とする.

(1) 複素数平面上で $\dfrac{z-\beta}{z-\alpha}$ の虚数部分が正となる z の存在する範囲を図示せよ.

(2) 複素数 z が

$$(z-\alpha)(z-\beta) + (z-\beta)(z-\gamma) + (z-\gamma)(z-\alpha) = 0$$

を満たしているとき, z は α, β, γ を頂点とする三角形の内部に存在することを示せ. ただし, α, β, γ は同一直線上にはないものとする.

(京都大)

71. 複素数平面上の原点以外の相異なる 2 点 P(α), Q(β) を考える. P(α), Q(β) を通る直線を l, 原点から l に引いた垂線と l の交点を R(w) とする. ただし, 複素数 γ が表す点 C を C(γ) とかく. このとき,

「$w=\alpha\beta$ であるための必要十分条件は, P(α), Q(β) が

中心 A$\left(\dfrac{1}{2}\right)$, 半径 $\dfrac{1}{2}$ の円周上にあることである.」

を示せ.

(東京大)

72. $|z|>\dfrac{5}{4}$ となるどのような複素数 z に対しても $w=z^2-2z$ とは表されない複素数 w 全体の集合を T とする. すなわち,

$$T=\left\{w \mid w=z^2-2z \text{ならば} |z|\leqq\dfrac{5}{4}\right\}$$

とする. このとき, T に属する複素数 w で絶対値 $|w|$ が最大になるような w の値を求めよ.

(東京大)

73. α, β, γ は相異なる複素数で,

$$\alpha+\beta+\gamma=\alpha^2+\beta^2+\gamma^2=0$$

を満たすとする. このとき, α, β, γ の表す複素平面上の 3 点を結んで得られる三角形はどのような三角形か. (ただし, 複素平面を複素数平面ともいう.)

(京都大)

74. 0 でない複素数 z に対して，$w=u+iv$ を $w=\dfrac{1}{2}\left(z+\dfrac{1}{z}\right)$ とするとき，次の問いに答えよ．ただし，u，v は実数，i は虚数単位である．

(1)　複素数平面上で，z が単位円 $|z|=1$ 上を動くとき，w はどのような曲線を描くか．u，v が満たす曲線の方程式を求め，その曲線を図示せよ．

(2)　複素数平面上で，z が実軸からの偏角 $\alpha\left(0<\alpha<\dfrac{\pi}{2}\right)$ の半直線上を動くとき，w はどのような曲線を描くか．u，v が満たす曲線の方程式を求め，その曲線を図示せよ．

（神戸大）

75.　複素数平面上の点 a_1，a_2，$\cdots$，a_n，$\cdots$ を
$$\begin{cases} a_1=1,\ a_2=i, \\ a_{n+2}=a_{n+1}+a_n\quad (n=1,\ 2,\ \cdots) \end{cases}$$
により定め，$b_n=\dfrac{a_{n+1}}{a_n}\ (n=1,\ 2,\ \cdots)$ とおく．ただし，i は虚数単位である．

(1)　3 点 b_1，b_2，b_3 を通る円 C の中心と半径を求めよ．

(2)　すべての点 $b_n\ (n=1,\ 2,\ \cdots)$ は円 C の周上にあることを示せ．

（東京大）

76. 複素数平面上の原点を中心とする半径 1 の円 C 上に相異なる 3 点 z_1, z_2, z_3 をとる. 次の問いに答えよ.

(1) $w_1 = z_1 + z_2 + z_3$ とおく. 点 w_1 は 3 点 z_1, z_2, z_3 を頂点とする三角形の垂心になることを示せ. ここで, 三角形の垂心とは, 各頂点から対辺またはその延長線上に下ろした 3 本の垂線の交点のことであり, これらの 3 本の垂線は 1 点で交わることが知られている.

(2) $w_2 = -\overline{z_1} z_2 z_3$ とおく. $w_2 \neq z_1$ のとき, 2 点 z_2, z_3 を通る直線上に点 z_1 から下ろした垂線またはその延長線が円 C と交わる点は w_2 であることを示せ. ここで, $\overline{z_1}$ は z_1 に共役な複素数である.

(3) 2 点 z_2, z_3 を通る直線とこの直線上に点 z_1 から下ろした垂線との交点は, 点 w_1 と点 w_2 を結ぶ線分の中点であることを示せ. ただし, $w_1 = w_2$ のときは, w_1 と w_2 の中点は w_1 と解釈する.

(九州大)

第6章 ベクトル

77. O を原点とする座標平面上の 4 点 P_1, P_2, P_3, P_4 で,条件

$$\overrightarrow{OP_{n-1}} + \overrightarrow{OP_{n+1}} = \frac{3}{2}\overrightarrow{OP_n} \quad (n=2,\ 3)$$

を満たすものを考える.このとき,

(1) P_1, P_2 が曲線 $xy=1$ 上にあるとき,P_3 はこの曲線上にはないことを示せ.

(2) P_1, P_2, P_3 が円周 $x^2+y^2=1$ 上にあるとき,P_4 もこの円周上にあることを示せ.

(東京大)

78. n を 3 以上の自然数,λ を実数とする.次の条件 (i), (ii) を満たす空間ベクトル $\vec{v_1}$, $\vec{v_2}$, $\cdots$, $\vec{v_n}$ が存在するための,n と λ が満たすべき条件を求めよ.

(i) $\vec{v_1}$, $\vec{v_2}$, $\cdots$, $\vec{v_n}$ は相異なる長さ 1 の空間ベクトルである.

(ii) $i \neq j$ のときベクトル $\vec{v_i}$ と $\vec{v_j}$ の内積は λ に等しい.

(京都大)

79. k を正の実数とする.座標空間において,原点 O を中心とする半径 1 の球面上の 4 点 A, B, C, D が次の関係式を満たしている.

$$\overrightarrow{OA} \cdot \overrightarrow{OB} = \overrightarrow{OC} \cdot \overrightarrow{OD} = \frac{1}{2},$$

$$\overrightarrow{OA} \cdot \overrightarrow{OC} = \overrightarrow{OB} \cdot \overrightarrow{OC} = -\frac{\sqrt{6}}{4},$$

$$\overrightarrow{OA} \cdot \overrightarrow{OD} = \overrightarrow{OB} \cdot \overrightarrow{OD} = k.$$

このとき,k の値を求めよ.ただし,座標空間の点 X, Y に対して,$\overrightarrow{OX} \cdot \overrightarrow{OY}$ は,$\overrightarrow{OX}$ と $\overrightarrow{OY}$ の内積を表す.

(京都大)

80. 四面体 OABC において，△ABC の重心を G，△OAB の重心を H とする．

(1) 直線 OG と直線 CH は交わることを示せ．

　以下では，直線 OG と直線 CH の交点を I として，OI＝AI＝BI＝CI とする．

(2) $\overrightarrow{\mathrm{OI}}$ を $\overrightarrow{\mathrm{OA}}$，$\overrightarrow{\mathrm{OB}}$，$\overrightarrow{\mathrm{OC}}$ を用いて表わせ．

(3) OA＝BC，OB＝CA，OC＝AB を示せ．

(4) OA＝1，OB＝$\sqrt{2}$，OC＝$\sqrt{2}$ のとき，I を中心として，平面 OAB とただ一つの共有点を持つような球の半径を求めよ．

（滋賀医科大）

河合塾
SERIES

入試精選問題集

理系数学の
良問プラチカ

数学 III・C 四訂版

続木勝年・宮嶋俊和 共著

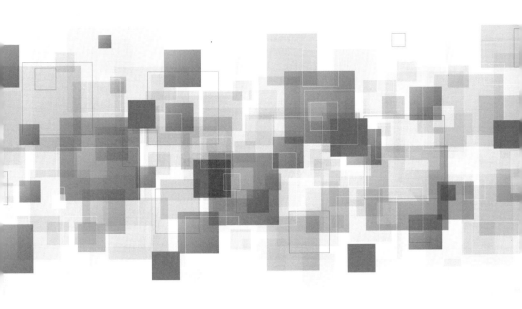

河合出版

第1章 極 限

1.

【解答】

(1) 1桁目から $n-1$ 桁目の位の数字としては，1以外の9通り，また n 桁目の位の数字としては0，1以外の8通りが考えられるから，求める個数は，

$$8 \cdot 9^{n-1} \text{ 個.}$$

(2) n 桁の自然数のうち各位の数字が1と異なるものの中で最小の数は $2 \cdot 10^{n-1}$ であるから，(1)の結果より，

$$\underbrace{\frac{1}{2}+\frac{1}{3}+\frac{1}{4}+\cdots+\frac{1}{9}}_{8\text{個}}+\underbrace{\frac{1}{20}+\frac{1}{22}+\cdots+\frac{1}{99}}_{8 \cdot 9\text{個}}+\frac{1}{200}+\cdots$$

$$< \frac{1}{2}\times 8 + \frac{1}{2\cdot 10^1}\times 8 \cdot 9 + \frac{1}{2\cdot 10^2}\times 8 \cdot 9^2 + \cdots$$

$$= 4\left\{1+\frac{9}{10}+\left(\frac{9}{10}\right)^2+\cdots\right\}$$

$$= 4\cdot\frac{1}{1-\dfrac{9}{10}}$$

$$= 40.$$

話題と研究

本問と同じ考え方で，自然数の逆数の和 $1+\dfrac{1}{2}+\dfrac{1}{3}+\cdots$ が発散することを示すことができます．n 桁の自然数は $9 \cdot 10^{n-1}$ 個ありますから，n 桁の自然数は 10^n より小さいことを考えると，

$$1+\frac{1}{2}+\frac{1}{3}+\frac{1}{4}+\frac{1}{5}+\cdots$$

$$= \underbrace{\frac{1}{1}+\frac{1}{2}+\cdots+\frac{1}{9}}_{\text{分母が1桁}}+\underbrace{\frac{1}{10}+\frac{1}{11}+\cdots+\frac{1}{99}}_{\text{分母が2桁}}+\underbrace{\frac{1}{100}+\frac{1}{101}+\cdots+\frac{1}{999}}_{\text{分母が3桁}}+\cdots$$

$$> \underbrace{\frac{1}{10}+\frac{1}{10}+\cdots+\frac{1}{10}}_{9\text{個}}+\underbrace{\frac{1}{100}+\frac{1}{100}+\cdots+\frac{1}{100}}_{9 \cdot 10\text{個}}+\underbrace{\frac{1}{1000}+\frac{1}{1000}+\cdots+\frac{1}{1000}}_{9 \cdot 10^2\text{個}}+\cdots$$

$$= \frac{1}{10}\times 9 + \frac{1}{10^2}\times 9 \cdot 10^1 + \frac{1}{10^3}\times 9 \cdot 10^2 + \cdots$$

$$= \frac{9}{10}(1+1+1+\cdots)$$

すなわち，$1+\frac{1}{2}+\frac{1}{3}+\cdots$ は無限大に発散することがわかります．ところが，本問の結果によると，ここから分母に数字1が現れる項を除くことにより 40 未満になってしまうわけですから，逆に分母に数字1が現れる項だけを残して和をとっても，$1+\frac{1}{2}+\frac{1}{3}+\cdots$ と同じようにやはり無限大に発散することになります．

　これは，$1+\frac{1}{2}+\frac{1}{3}+\cdots$ が発散することおよび，自然数には桁数が大きくなると数字1が現れる確率が大きくなる性質があることに起因しています．仮に $1+\frac{1}{2}+\frac{1}{3}+\cdots$ から，分母に数字 1, 2, 3, 4, 5, 6, 7, 8, 9 すべてが現れる数だけ残して和をとったとすると，このような項が小さい桁においては存在しないため意外に思うかもしれませんが，先ほど述べたことと同様の理由により，これも無限大に発散します．無限数列の収束および発散は，一見したところではわかりにくいものがよくあります．

2.

【解答】

(1)　$x = x_n$ における $y = x^2 - a$ の接線は，

$$y = 2x_n(x - x_n) + x_n{}^2 - a$$
$$= 2x_n x - x_n{}^2 - a.$$

$(x_{n+1}, 0)$ はこの直線上の点だから，

$$0 = 2x_n x_{n+1} - x_n{}^2 - a. \qquad \cdots ①$$

ここで $x_1 > \sqrt{a}$，また $x_k > \sqrt{a}$（$k = 1, 2, \cdots$）のとき，① より

$$x_{k+1} = \frac{1}{2}\left(x_k + \frac{a}{x_k}\right) \geqq \sqrt{x_k \cdot \frac{a}{x_k}} = \sqrt{a}$$

（相加平均≧相乗平均）

が成立し，かつ等号は成立しないから，$x_{k+1} > \sqrt{a}$．したがって，（数学的）帰納法により，$x_n > \sqrt{a}$（$n = 1, 2, \cdots$）が示された．特に $x_n \neq 0$ であるから ① より，

$$x_{n+1}=\frac{1}{2}\left(x_n+\frac{a}{x_n}\right).$$

(2) (1)より $x_n>\sqrt{a}$ であり，また，このとき $x_n{}^2>a$. したがって $\frac{a}{x_n}<x_n$ だから，

$$x_{n+1}=\frac{1}{2}x_n+\frac{1}{2}\frac{a}{x_n}<\frac{1}{2}x_n+\frac{1}{2}x_n=x_n.$$

$$\therefore \quad \sqrt{a}<x_{n+1}<x_n \quad (n=1,\ 2,\ 3,\ \cdots). \qquad \cdots ②$$

(3) (1)より，

$$x_{n+1}-\sqrt{a}=\frac{1}{2}\left(x_n+\frac{a}{x_n}\right)-\sqrt{a}$$

$$=\frac{1}{2x_n}(x_n{}^2-2\sqrt{a}\,x_n+a)$$

$$=\frac{1}{2x_n}(x_n-\sqrt{a})^2$$

$$=\frac{1}{2}\frac{x_n-\sqrt{a}}{x_n}(x_n-\sqrt{a}).$$

ここで(2)より $\sqrt{a}<x_n$ であるから

$$0<\frac{x_n-\sqrt{a}}{x_n}<1$$

が成立することに注意して，

$$x_{n+1}-\sqrt{a}<\frac{1}{2}(x_n-\sqrt{a}).$$

再び(2)により，$x_n-\sqrt{a}>0$ だから，

$$|x_{n+1}-\sqrt{a}|<\frac{1}{2}|x_n-\sqrt{a}|. \qquad \cdots ③$$

(4) ③より

$$0<|x_n-\sqrt{a}|<\left(\frac{1}{2}\right)^{n-1}|x_1-\sqrt{a}| \longrightarrow 0 \quad (n\to\infty)$$

が成立する．はさみうちの原理より，

$$\lim_{n\to\infty}|x_n-\sqrt{a}|=0.$$

$$\lim_{n\to\infty}x_n=\sqrt{a}.$$

話題と研究

　グラフにより，$x_n>\sqrt{a}$ なら $x_{n+1}>\sqrt{a}$ は明らかです．$x_1>\sqrt{a}$ ですから，$n=1, 2, \cdots$ において $x_n>\sqrt{a}$．もちろん $x_n>0$ です．そして，$\{x_n\}$ が単調減少数列になることも自明です．

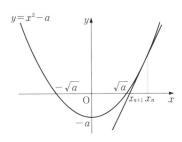

　$y=x^2-a$ が $x>0$ で単調増加であることと下に凸であることに注意して説明すれば，⑴の解答はこんな感じでもよいでしょう．

　【解答】では ① の式を導いた後 x_{n+1} を x_n で表しますが，もし，$x_n=0$ であると，題意を満たす x_{n+1} は存在しなくなります．そこで，⑵も考慮して先に $x_n>\sqrt{a}$ $(n=1, 2, \cdots)$ であることを示しておいたことに注意してください．

　次に⑶には別解があるので，ここに紹介します．

【⑶の別解】

　② より

$$\begin{aligned}
|x_{n+1}-\sqrt{a}| &= (x_n-\sqrt{a})-(x_n-x_{n+1})\\
&= (x_n-\sqrt{a})-\frac{1}{2}\left(x_n-\frac{a}{x_n}\right)\\
&< (x_n-\sqrt{a})-\frac{1}{2}\left(x_n-\frac{a}{\sqrt{a}}\right)\\
&= \frac{1}{2}|x_n-\sqrt{a}|.
\end{aligned}$$

（⑶の別解終り）

この別解について少し説明しておきます．

② により，$\sqrt{a}<x_n$ ですから，

$$\begin{aligned}
x_{n+1} &= \frac{1}{2}\left(x_n+\frac{a}{x_n}\right)\\
&< \frac{1}{2}\left(x_n+\frac{a}{\sqrt{a}}\right)\\
&= \frac{1}{2}(x_n+\sqrt{a}).
\end{aligned}$$

つまり，x_{n+1} は x_n と $\sqrt{a}$ との平均より小さくなります．

$$(\sqrt{a} \text{ と } x_n \text{ との平均})$$

これから，

$$x_{n+1}-\sqrt{a}<\frac{1}{2}(x_n-\sqrt{a})$$

であることは明らかです．

3.

【解答】

(1) $n=1$ のとき，$1!=2^0$.

$n\geqq2$ のとき，

$$n!=n\cdot(n-1)\cdot\cdots\cdot2\cdot1$$
$$\geqq\underbrace{2\cdot2\cdot\cdots\cdot2}_{n-1 \text{ 個}}\cdot1$$
$$=2^{n-1}.$$

ゆえに，$n=1,\ 2,\ \cdots$ で $n!\geqq2^{n-1}$ が成立する．

(2)
$$1+\frac{1}{1!}+\frac{1}{2!}+\cdots+\frac{1}{n!}$$
$$\leqq1+\frac{1}{2^0}+\frac{1}{2^1}+\cdots+\frac{1}{2^{n-1}}$$
$$<1+\frac{1}{2^0}+\frac{1}{2^1}+\cdots+\frac{1}{2^{n-1}}+\frac{1}{2^n}+\cdots$$
$$=1+\frac{1}{1-\frac{1}{2}}$$
$$=3.$$

[話題と研究]

(2)の結果により，不等式

$$1+\frac{1}{1!}+\frac{1}{2!}+\cdots+\frac{1}{n!}+\cdots\leqq3$$

が成立します．この左辺の無限級数は，自然対数の底 e に収束することが問題

34 の 話題と研究 (p.57)でわかります.

ところで,本問のように考えることにより,無限数列の和

$$1+\frac{1}{1!}+\frac{1}{2!}+\frac{1}{3!}+\cdots$$

が収束することがわかったのですが,ここではこの無限和を直接求めるようなことはしないで,**より大きくしかもより求め易い**無限和を考えて,その収束を示したことになります.この方法は一般に無限数列の和の収束を示す場合に基本となります.別の例をみておきましょう.

$$1+\frac{1}{2^2}+\frac{1}{3^2}+\frac{1}{4^2}+\cdots+\frac{1}{n^2}$$

$$\leqq 1+\frac{1}{1\cdot2}+\frac{1}{2\cdot3}+\frac{1}{3\cdot4}+\cdots+\frac{1}{(n-1)n}$$

$$=1+\left(\frac{1}{1}-\frac{1}{2}\right)+\left(\frac{1}{2}-\frac{1}{3}\right)+\left(\frac{1}{3}-\frac{1}{4}\right)+\cdots+\left(\frac{1}{n-1}-\frac{1}{n}\right)$$

$$=2-\frac{1}{n}$$

$$<2$$

したがって,

$$1+\frac{1}{2^2}+\frac{1}{3^2}+\frac{1}{4^2}+\cdots\leqq 2$$

が成立します.[さらに知りたい人のために]の 53.(p.141)では,この左辺の無限数列の和が正確に $\frac{\pi^2}{6}$ に収束することを示します.

4.
【解答】

$$\frac{1}{a_n}=\frac{1}{a}+(n-1)d \quad (n=1,\ 2,\ 3,\ \cdots).$$

$d\neq0$ のとき,

$$\lim_{n\to\infty}\sum_{k=1}^{n}a_ka_{k+1}=\lim_{n\to\infty}\sum_{k=1}^{n}\frac{1}{\left(\frac{1}{a}+(k-1)d\right)\left(\frac{1}{a}+kd\right)}$$

$$=\frac{1}{d}\lim_{n\to\infty}\sum_{k=1}^{n}\left(\frac{1}{\frac{1}{a}+(k-1)d}-\frac{1}{\frac{1}{a}+kd}\right)$$

$$=\frac{1}{d}\lim_{n\to\infty}\left(a-\frac{1}{\frac{1}{a}+nd}\right)$$

$$=\frac{a}{d}.$$

$d=0$ のとき,

$$\lim_{n\to\infty}\sum_{k=1}^{n}a_ka_{k+1}=\lim_{n\to\infty}\sum_{k=1}^{n}a^2=\lim_{n\to\infty}na^2=\infty.$$

5.

【解答】

$$n(n-2)a_{n+1}=S_n. \qquad\qquad\cdots①$$

$n\geqq3$ のとき, ① を変形すると,

$$n(n-2)(S_{n+1}-S_n)=S_n.$$
$$n(n-2)S_{n+1}=(n-1)^2S_n.$$
$$\therefore\quad \frac{n}{n-1}S_{n+1}=\frac{n-1}{n-2}S_n=\cdots=\frac{3-1}{3-2}S_3.$$

よって,

$$S_n=\frac{2(n-2)}{n-1}S_3.$$

ここで,

$$\lim_{n\to\infty}S_n=1 \quad\text{また}\quad \lim_{n\to\infty}\frac{2(n-2)}{n-1}=\lim_{n\to\infty}\frac{2\left(1-\frac{2}{n}\right)}{1-\frac{1}{n}}=2$$

だから, $1=2S_3.$ $\quad\therefore\quad S_3=\frac{1}{2}.$

$$\therefore\quad S_n=\frac{n-2}{n-1}\quad(n=3,\,4,\,\cdots). \qquad\qquad\cdots②$$

また ① で $n=1$ とすると,

$$1\cdot(1-2)a_2=S_1=a_1=1. \qquad\therefore\quad a_2=-1.$$

したがって $S_2=a_1+a_2=1-1=0$ となり ② は $n=2$ でも成立.
これより $n\geqq3$ のとき,

$$a_n=S_n-S_{n-1}=\frac{n-2}{n-1}-\frac{n-3}{n-2}=\frac{1}{(n-1)(n-2)}.$$

以上から,

$$a_1=1, \quad a_2=-1, \quad a_n=\frac{1}{(n-1)(n-2)} \quad (n=3, 4, \cdots).$$

6.

【解答】

$[\sqrt{2n^2-k^2}]$ は $\sqrt{2n^2-k^2}$ の整数部分を表すのと同じだから，不等式

$$\sqrt{2n^2-k^2}-1<[\sqrt{2n^2-k^2}]\leqq\sqrt{2n^2-k^2}$$

が成立する．これに $\dfrac{1}{n^2}$ をかけて $k=1, 2, \cdots, n$ について和をとると，

$$\sum_{k=1}^{n}\frac{\sqrt{2n^2-k^2}-1}{n^2}<\sum_{k=1}^{n}\frac{[\sqrt{2n^2-k^2}]}{n^2}\leqq\sum_{k=1}^{n}\frac{\sqrt{2n^2-k^2}}{n^2}.$$

$$\frac{1}{n}\sum_{k=1}^{n}\sqrt{2-\left(\frac{k}{n}\right)^2}-\frac{1}{n}<a_n\leqq\frac{1}{n}\sum_{k=1}^{n}\sqrt{2-\left(\frac{k}{n}\right)^2}$$

が成立する．ここで，

$$\lim_{n\to\infty}\frac{1}{n}\sum_{k=1}^{n}\sqrt{2-\left(\frac{k}{n}\right)^2}=\int_0^1\sqrt{2-x^2}\,dx.$$

これは右図の網目部分の面積に等しい．したがって
はさみうちの原理から，

$$\lim_{n\to\infty}a_n=\frac{1}{2}+\frac{\pi}{4}.$$

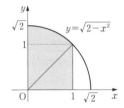

（話題と研究）

$$\sum_{k=1}^{n}[\sqrt{2n^2-k^2}]$$

は，円 $x^2+y^2=2n^2$ と x 軸および y 軸により囲まれ
た部分（ただし x 軸，y 軸上は除く）に存在する格
子点の数を表します．

ところで領域面積が十分に大きいと，その領域に
含まれる部分の格子点の数はほぼ領域面積に等しく
なります．したがって，本問は右図の網目部分の面
積と1辺 n の正方形の面積との比を求める問題にな
ります．この考え方は格子点の数を評価するときに
使えそう．（独り言）

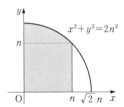

7.

【解答】

(1)
$$n \log n > (n-1)\log(n+1) \qquad \cdots ①$$

を示せばよいが, $n=2$ のとき,

$$2\log 2 = \log 4 > \log 3 = (2-1)\log 3$$

で ① は成立し, $n \geqq 3$ のとき,

$$(n-1)\{\log(n+1) - \log n\}$$
$$= (n-1)\int_n^{n+1} \frac{1}{x}\,dx$$
$$< (n-1)\int_n^{n+1} \frac{1}{n-1}\,dx = 1 < \log n$$

より ① は成立する.

(2) ① より, $n^n > (n+1)^{n-1}$ $(n=2, 3, \cdots)$. $n \geqq 3$ のとき,

$$2^2 \cdot 3^3 \cdot 4^4 \cdots (n-1)^{n-1} > 3^1 \cdot 4^2 \cdot 5^3 \cdots n^{n-2}.$$
$$2^2 \cdot 3^2 \cdot 4^2 \cdots (n-1)^2 > n^{n-2}.$$
$$\therefore \quad (n!)^2 > n^n.$$

話題と研究

(2)の不等式

$$(n!)^2 > n^n$$

は(1)の結果を使わないで直接示すこともできます.

n が自然数のとき, n より小さい2以上の自然数 k に対して,

$$k(n-k+1) = k(n-k) + k$$
$$> (n-k) + k$$
$$= n$$

ですから,

$$\{1 \cdot n\}\{2(n-1)\}\{3(n-2)\} \cdots \{(n-1) \cdot 2\}\{n \cdot 1\}$$
$$> \underbrace{n \cdot n \cdot n \cdots n}_{n \text{ 個}}$$

より $(n!)^2 > n^n$ を得ます. さて, $n!$ も n^n も増加速度がとても大きいのですが, これら2つにはどういった関係があるのでしょうか.

$n! < n^n$ は明らかですから $(n!)^2 > n^n$ とにより,

$$n! < n^n < (n!)^2.$$

この不等式を順次変形していくと,

$$n^{\frac{n}{2}} < n! < n^n.$$

$$\sqrt{n} < (n!)^{\frac{1}{n}} < n.$$

$$\frac{1}{\sqrt{n}} < \frac{(n!)^{\frac{1}{n}}}{n} < 1$$

ですから，$\displaystyle\lim_{n\to\infty}\frac{(n!)^{\frac{1}{n}}}{n}$ が存在するとすれば 0 以上 1 以下の値のはずです．この答は，問題 31 の**【解答】**(4) (p.53) で得られます．

8.

【解答】

(1)
$$x_{i+1} = \frac{x_i{}^2 + 1}{2} \quad (i = 1, \ 2, \ 3, \ \cdots) \tag{①}$$

により，

$$x_{i+1} - x_i = \frac{1}{2}(x_i - 1)^2 \geqq 0$$

だから $x_{i+1} \geqq x_i$．

(2) ① より $i \geqq 2$ のとき $x_i > 0$．

$i = 1$ のとき $|x_1| \leqq 1$ であるから $x_1 \leqq 1$．

$i = k$ ($k = 1, \ 2, \ \cdots$) のとき，$x_k \leqq 1$ であることを仮定すると，

$$x_{k+1} = \frac{x_k{}^2 + 1}{2} \leqq 1$$

が成り立つことから，帰納法により，$x_i \leqq 1$ ($i = 1, \ 2, \ 3, \ \cdots$) であることが示された．

(3)
$$\sum_{i=1}^{n}(x_{i+1} - x_i) = \sum_{i=1}^{n}\frac{1}{2}(x_i - 1)^2$$

であるから，

$$x_{n+1} - x_1 = \frac{1}{2}\sum_{i=1}^{n}(x_i - 1)^2. \tag{②}$$

(4) (1), (2) により，

$$x_1 \leqq x_2 \leqq x_3 \leqq \cdots \leqq x_n \leqq \cdots \leqq 1.$$

これにより，$(x_i - 1)^2 \geqq (x_{i+1} - 1)^2$ に注意すると，

$$x_{n+1} - x_1 \geqq \frac{1}{2}\sum_{i=1}^{n}(x_n - 1)^2$$

$$= \frac{n}{2}(x_n - 1)^2.$$

(5) $|x_1|\leqq 1$ のとき，② により

$$(x_n-1)^2\leqq\frac{2}{n}(x_{n+1}-x_1)$$

$$\leqq\frac{2}{n}(1-x_1).$$

であるから，$n\to\infty$ のとき，

$$0\leqq 1-x_n\leqq\sqrt{\frac{2(1-x_1)}{n}}\longrightarrow 0.$$

したがって，はさみうちの原理により $\displaystyle\lim_{n\to\infty}x_n=1$.

$|x_1|>1$ のとき，① より，$x_2>1$ であるから，(1) より，

$$1<|x_1|<x_2<x_3<\cdots.$$

このとき $(x_i-1)^2\geqq(|x_1|-1)^2$ に注意をすると，② より，$n\to\infty$ のとき

$$x_{n+1}=x_1+\frac{1}{2}\sum_{i=1}^{n}(x_i-1)^2\geqq x_1+\frac{n}{2}(|x_1|-1)^2\longrightarrow\infty.$$

したがって $\displaystyle\lim_{n\to\infty}x_n=\infty$.

以上より，

$$|\boldsymbol{x_1}|\leqq\textbf{1}\ \text{のとき，収束して}\ \lim_{n\to\infty}x_n=\textbf{1},$$

$$|\boldsymbol{x_1}|>\textbf{1}\ \text{のとき，無限大に発散する.}$$

9.

【解答】

(1)

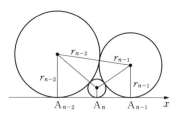

$(x_n,\ 0)$ を A_n とおくと，

$$A_{n-2}A_{n-1}=\sqrt{(r_{n-1}+r_{n-2})^2-(r_{n-1}-r_{n-2})^2}$$
$$=2\sqrt{r_{n-2}r_{n-1}}.$$

同様に $A_{n-1}A_n=2\sqrt{r_{n-1}r_n}$，$A_{n-2}A_n=2\sqrt{r_{n-2}r_n}$.

また $A_{n-2}A_{n-1}=A_{n-2}A_n+A_{n-1}A_n$ が成り立つから，

$$2\sqrt{r_{n-2}r_{n-1}} = 2\sqrt{r_{n-2}r_n} + 2\sqrt{r_{n-1}r_n}.$$

$$\therefore \quad \frac{1}{\sqrt{r_n}} = \frac{1}{\sqrt{r_{n-1}}} + \frac{1}{\sqrt{r_{n-2}}} \quad (n=2,\ 3,\ \cdots). \qquad \cdots ①$$

したがって,

$$q_n = q_{n-1} + q_{n-2} \quad (n=2,\ 3,\ \cdots). \qquad \cdots ②$$

これと $q_0 = \dfrac{1}{\sqrt{2r_0}} = 1$, $q_1 = \dfrac{1}{\sqrt{2r_1}} = 1$ により, $n=0,\ 1,\ 2,\ \cdots$ において q_n は整数である.

(2) $A_{n-2}A_n : A_nA_{n-1} = 2\sqrt{r_{n-2}r_n} : 2\sqrt{r_{n-1}r_n} = \sqrt{r_{n-2}} : \sqrt{r_{n-1}}$ である.

A_n は線分 $A_{n-2}A_{n-1}$ を $\sqrt{r_{n-2}} : \sqrt{r_{n-1}}$ に内分する点であるから,

$$x_n = \frac{\sqrt{r_{n-2}}\,x_{n-1} + \sqrt{r_{n-1}}\,x_{n-2}}{\sqrt{r_{n-1}} + \sqrt{r_{n-2}}}.$$

$$(\sqrt{r_{n-1}} + \sqrt{r_{n-2}})x_n = \sqrt{r_{n-2}}\,x_{n-1} + \sqrt{r_{n-1}}\,x_{n-2}.$$

$$\therefore \quad \left(\frac{1}{\sqrt{r_{n-2}}} + \frac{1}{\sqrt{r_{n-1}}}\right)x_n = \frac{x_{n-1}}{\sqrt{r_{n-1}}} + \frac{x_{n-2}}{\sqrt{r_{n-2}}}.$$

① より,

$$\frac{x_n}{\sqrt{r_n}} = \frac{x_{n-1}}{\sqrt{r_{n-1}}} + \frac{x_{n-2}}{\sqrt{r_{n-2}}}.$$

$$\therefore \quad p_n = p_{n-1} + p_{n-2} \quad (n=2,\ 3,\ \cdots). \qquad \cdots ③$$

これと $p_0 = q_0x_0 = 0$, $p_1 = q_1x_1 = 1$ とにより, $n=0,\ 1,\ 2,\ \cdots$ において p_n は整数である. また ③ より $p_2 = 1$ であるから, ②, ③ および $q_0 = p_1$, $q_1 = p_2$ により $q_n = p_{n+1}$ $(n=0,\ 1,\ 2,\ \cdots)$.

ここで2つの正の整数 $x,\ y$ の最大公約数を $[x,\ y]$ と表すことにすると ③ により,

$$[p_{n-1},\ p_n] = [p_{n-2},\ p_{n-1}] \quad (n=2,\ 3,\ \cdots).$$

したがって,

$$[p_n,\ q_n] = [p_n,\ p_{n+1}] = [p_1,\ p_2] = 1.$$

(3) $x_n = \dfrac{p_n}{q_n} = \dfrac{p_n}{p_{n+1}}$ であるから ③ により,

$$p_{n+2} = p_{n+1} + p_n.$$

$$1 = \frac{p_{n+1}}{p_{n+2}} + \frac{p_n}{p_{n+2}}$$

$$= x_{n+1} + x_nx_{n+1}.$$

これを $\alpha = \dfrac{1}{1+\alpha}$ から得られる $1 = \alpha + \alpha^2$ と比較して,

$$x_n x_{n+1} + x_{n+1} = \alpha^2 + \alpha.$$

$$\therefore \quad (x_{n+1} - \alpha)(x_n + 1) = -\alpha(x_n - \alpha).$$

$$\therefore \quad |x_{n+1} - \alpha| = \left|\frac{\alpha}{x_n + 1}\right| |x_n - \alpha|.$$

ここで $\alpha = \dfrac{\sqrt{5} - 1}{2} < \dfrac{2}{3}$ および，x_n は有理数で α は無理数であることにより $x_n - \alpha \neq 0$ に注意して，

$$|x_{n+1} - \alpha| < \alpha |x_n - \alpha|$$

$$< \frac{2}{3}|x_n - \alpha| \quad (n = 1, 2, \cdots).$$

したがって，

$$0 < |x_n - \alpha| < \left(\frac{2}{3}\right)^{n-1} |x_1 - \alpha| \longrightarrow 0 \quad (n \to \infty)$$

が成り立ち，はさみうちの原理より，

$$\lim_{n \to \infty} |x_n - \alpha| = 0.$$

$$\lim_{n \to \infty} x_n = \alpha = \frac{\sqrt{5} - 1}{2}.$$

〔話題と研究〕

---- [Proof Without Words：$AB = 2\sqrt{Rr}$] -------------------------------

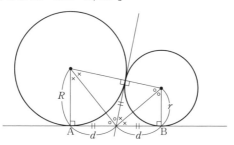

$$\frac{R}{d} = \frac{d}{r} \Rightarrow d = \sqrt{Rr} \Rightarrow AB = 2\sqrt{Rr}$$

ところで $\{p_n\}$ は (2) で調べたように，

$$p_0 = 0, \quad p_1 = 1, \quad p_n = p_{n-1} + p_{n-2} \quad (n = 2, 3, \cdots) \qquad \cdots④$$

を満たす数列で，**フィボナッチ**〈Fibonacci〉**数列**と呼ばれています．これは漸化式の形が簡単なうえにいろいろと興味のある性質が現れることで有名です．(2)で示した

$$[p_n, \ p_{n+1}] = 1 \quad (n = 1, 2, \cdots)$$

もそのうちの1つです．また④を使うと
$$p_n{}^2 + p_{n-1}{}^2 = (p_{n-1} + p_{n-2})p_n + (p_{n+1} - p_n)p_{n-1}$$
$$= p_{n-2}p_n + p_{n-1}p_{n+1}.$$

これから，
$$p_n{}^2 - p_{n-1}p_{n+1} = (-1)^1(p_{n-1}{}^2 - p_{n-2}p_n)$$
$$= (-1)^2(p_{n-2}{}^2 - p_{n-3}p_{n-1})$$
$$= \cdots$$
$$= (-1)^{n-1}(p_1{}^2 - p_0 p_2)$$
$$= (-1)^{n-1}$$

すなわち
$$p_n{}^2 - p_{n-1}p_{n+1} = (-1)^{n-1} \quad (n=1,\ 2,\ \cdots)$$

が導かれたことになりますが，これも $\{p_n\}$ の満たす性質の1つです．

これより，
$$|p_n{}^2 - p_{n-1}p_{n+1}| = 1$$

と考えると，ここから(2)で示した $[p_n,\ p_{n+1}] = 1$ は自明です．

またフィボナッチ数列は幾何的な性質も含んでいて，本問にその一端を見ることができます．いろいろと研究してみると，本問からも以上のような数論的および幾何的な性質がさらに見つかります．フィボナッチ数列には興味をもつ人が多いようです．

10.

【解答】

(1)
$$|a_{n+1}{}^2 - 2b_{n+1}{}^2| = |(a_n + 2b_n)^2 - 2(a_n + b_n)^2|$$
$$= |a_n{}^2 - 2b_n{}^2| \quad (n=1,\ 2,\ \cdots)$$

より，
$$|a_n{}^2 - 2b_n{}^2| = |a_1{}^2 - 2b_1{}^2| = 1. \qquad \cdots ①$$

(2) $a_n,\ b_n$ の最大公約数は $|a_n{}^2 - 2b_n{}^2|$ の約数であるから1である．

(3) (ア)，(イ)より $a_n > 0,\ b_n > 0$ は明らか．さらに(イ)により，
$$a_{n+1} - b_{n+1} = b_n > 0.$$

また，$a_1 = b_1$ が成立することにより，帰納法から，
$$a_n \geqq b_n \quad (n=1,\ 2,\ 3,\ \cdots).$$

これより，
$$b_{n+1}{}^2 = (a_n + b_n)^2 > a_n{}^2 + b_n{}^2 \geqq 2b_n{}^2.$$

$$b_n{}^2 \geqq 2^{n-1}b_1{}^2 = 2^{n-1}.$$
$$\therefore \quad \lim_{n \to \infty} b_n{}^2 = \infty.$$

これに注意すると，① より，

$$\lim_{n \to \infty}\left|\left(\frac{a_n}{b_n}\right)^2 - 2\right| = \lim_{n \to \infty}\frac{1}{b_n{}^2} = 0.$$

したがって，

$$\lim_{n \to \infty}\frac{a_n}{b_n} = \sqrt{2}.$$

(話題と研究)

(3)の結果により $\dfrac{a_n}{b_n}$ は $\sqrt{2}$ の有理数近似値を与えることがわかります．a_n，b_n は(ア)，(イ)の漸化式を解くか，もしくは，(イ)を行列で表して，

$$\begin{pmatrix} a_{n+1} \\ b_{n+1} \end{pmatrix} = \begin{pmatrix} 1 & 2 \\ 1 & 1 \end{pmatrix}\begin{pmatrix} a_n \\ b_n \end{pmatrix} = A\begin{pmatrix} a_n \\ b_n \end{pmatrix}$$

とおいて，A^n を計算して，a_n，b_n を求めることができます．

ところで① から $(a_n,\ b_n)$ は双曲線 $x^2 - 2y^2 = \pm 1$ 上の格子点になっていることがわかるのですが，$\displaystyle\lim_{n \to \infty}|b_n| = \infty$ ですから，この双曲線上には格子点が無限個存在していることになります．

11.

【解答】

(1)
$$a_2 = 1 - \frac{1}{2} = \frac{1}{2},$$
$$a_3 = \frac{1}{2} - \frac{1}{3} = \frac{1}{6},$$
$$a_4 = \frac{1}{6} - \frac{1}{4} = -\frac{1}{12},$$
$$a_5 = -\frac{1}{12} + \frac{1}{5} = \frac{7}{60}.$$

(2) 帰納法により $|a_n| \leqq \dfrac{1}{n}$ $(n = 1, 2, \cdots)$ であることを示す．

(i) $|a_1| = 1$ であるから成立．

(ii) $|a_{k-1}| \leqq \dfrac{1}{k-1}$ $(k = 2, 3, \cdots)$ であると仮定すると，

$a_{k-1} \geqq 0$ のとき, $0 \leqq a_{k-1} \leqq \dfrac{1}{k-1}$ であるから,

$$-\frac{1}{k} \leqq a_{k-1} - \frac{1}{k} \leqq \frac{1}{k-1} - \frac{1}{k}.$$

$$-\frac{1}{k} \leqq a_{k-1} - \frac{1}{k} \leqq \frac{1}{(k-1)k}$$

より,

$$-\frac{1}{k} \leqq a_k \leqq \frac{1}{k}.$$

$a_{k-1} < 0$ のときも同様であり, したがって $|a_k| \leqq \dfrac{1}{k}$.

以上 (i), (ii) により, 題意は示された. また

$$0 \leqq |a_n| \leqq \frac{1}{n} \longrightarrow 0 \quad (n \to \infty)$$

であるから, はさみうちの原理により $\displaystyle\lim_{n\to\infty} a_n = \mathbf{0}$ である.

(3) $n \geqq 2$ のとき, $a_n > 0$, $a_{n+1} > 0$ とすると,

$$\begin{aligned}
a_{n+2} &= a_n - \frac{1}{n+1} - \frac{1}{n+2} \\
&\leqq \frac{1}{n} - \frac{1}{n+1} - \frac{1}{n+2} \\
&< \frac{1}{n} - \frac{2}{n+2} \\
&= \frac{1}{n} - \frac{1}{\dfrac{n}{2}+1} \\
&\leqq 0.
\end{aligned}$$

$a_n < 0$, $a_{n+1} < 0$ のときも同様に $a_{n+2} \geqq 0$ となり, 題意は示された.

〔話題と研究〕

本問において, 初項 a_1 を $a-1$ (a は任意の正の数) としてみましょう. a が大きな値であると, しばらくは,

$$\begin{aligned}
a_1 &= a-1 \\
a_2 &= a-1-\frac{1}{2} \\
a_3 &= a-1-\frac{1}{2}-\frac{1}{3} \\
&\vdots
\end{aligned}$$

となります．ところで問題 1 の 話題と研究 (p.2)で述べたように，無限級数

$$1+\frac{1}{2}+\frac{1}{3}+\frac{1}{4}+\cdots$$

は無限大に発散しますから，$a_1>a_2>a_3>\cdots>a_k\geqq0>a_{k+1}$ となる a_k が存在します．$n\geqq k$ に対しては本問の(2)と同じ性質が成り立ちますから $\displaystyle\lim_{n\to\infty}a_n=0$ であり，したがって，

$$0=a-1-\frac{1}{2}-\frac{1}{3}-\cdots-\frac{1}{k}+\frac{1}{k+1}\pm\frac{1}{k+2}\pm\frac{1}{k+3}\pm\cdots$$

(ただし複号は ＋ か － いずれか一方に定まる)となります．すなわち，任意の正の数 a は

$$a=1\pm\frac{1}{2}\pm\frac{1}{3}\pm\frac{1}{4}\pm\frac{1}{5}\pm\cdots \quad (複号は ＋ か － の一方だけ)$$

の形の無限級数で表示されることがわかります．

　次の問題を考えてみてください．

――［チャレンジ問題］――――――――――――――――――

　　$n\geqq2$ に対して，

$$a_n=\begin{cases} a_{n-1}-\dfrac{1}{n} & (a_{n-1}\geqq0 \text{ のとき}) \\[2mm] a_{n-1}+\dfrac{1}{n} & (a_{n-1}<0 \text{ のとき}) \end{cases}$$

　　を満たす数列 $\{a_n\}$ $(n=1, 2, 3, \cdots)$ がさらに，

$$a_{2n-1}>0, \ a_{2n}<0 \quad (n=1, 2, \cdots)$$

　　も満たすとする．このとき，a_1 の値を求めよ．

――――――――――――――――――――――――――――――

　この問題は難しく感じるかもしれませんが，本書を読み終えるころには，チャレンジする実力が備わっているでしょう．解答は，［さらに知りたい人のために］の 11.（p.136）に書いておきます．

12.

【解答】

(1)　区間 I_m を

$$2^{m-1} \leq x < 2^m \quad (m=1, \ 2, \ 3, \ \cdots)$$

とすると，1以上の実数全体は I_1, I_2, I_3, $\cdots$ により分割されて，k^n はいずれかに入るので，$k^n \in I_m$ である m は存在する.

(2)　n に関する数学的帰納法により示す.

$a_k = 1 \cdot a_k$ は自明.

自然数 t に対して，$a_{k^t} = ta_k$ とすると，

$$a_{k^{t+1}} = a_{k^t \cdot k} = a_{k^t} + a_k = (t+1)a_k$$

であるから，$n = t+1$ のときも成立する. これで $a_{k^n} = na_k$ が成立する.

(3)　(1)より任意の自然数 k, n に対して，

$$2^{m-1} \leq k^n < 2^m$$

を満たす自然数 m が存在するので

$$m-1 \leq n\log_2 k < m. \qquad \cdots ①$$

また，$\{a_n\}$ は増加数列なので

$$a_{2^{m-1}} \leq a_{k^n} < a_{2^m}.$$

(2)により，

$$(m-1)a_2 \leq na_k < ma_2.$$

$a_2 = 1$ だから，

$$m-1 \leq na_k < m. \qquad \cdots ②$$

①，② より

$$-1 < n(a_k - \log_2 k) < 1.$$

(4)　(3)より

$$-\frac{1}{n} < a_k - \log_2 k < \frac{1}{n}.$$

$$|a_k - \log_2 k| < \frac{1}{n}.$$

これが任意の自然数 n に対して成立するので $n \to \infty$ とすれば，$a_k - \log_2 k \to 0$ でなければならない. k は n にはよらない数であるから，

$$a_k = \log_2 k.$$

したがって，一般に

$$\boldsymbol{a_n = \log_2 n}$$

である.

話題と研究

(2)でわかるように，$a_{kl}=a_k+a_l$ を満たす数列 $\{a_n\}$ では $a_{k^n}=na_k$ が成立します．本問では $a_2=1$ ですから，例えば

$$a_{2^n}=na_2=n, \quad a_{3^m}=ma_3$$

です．これより

$$2^{a_{2^n}}=2^n, \quad 2^{a_{3^m}}=(2^{a_3})^m.$$

ここで数列 $\{a_n\}$ に増加性 $a_k<a_l$ $(k<l)$ を課すと，

$$3^m<2^n<3^{m+1} \implies (2^{a_3})^m<2^n<(2^{a_3})^{m+1}$$

が成立することになります．これが成り立つためには $2^{a_3}=3$ つまり $a_3=\log_2 3$ が成立しなくてはならないでしょう．増加性が初期値 a_3 を制限していることになるのです．

本問は以前に海外の数学コンテストで出題された問題です．このような問題は出典が数学オリンピックなどの問題であることが多いので，少しトリッキーな考えを必要とすることがあります．

第 2 章 ｜ 微分法

13.

【解答】

(1)　$f(x)=\dfrac{\log x}{x^a}$ とおくと

$$f'(x)=\frac{\dfrac{1}{x}x^a-ax^{a-1}\log x}{(x^a)^2}=\frac{x^{a-1}(1-a\log x)}{x^{2a}}.$$

$f'(x)=0 \iff \log x=\dfrac{1}{a} \iff x=e^{\frac{1}{a}}$, $f(e^{\frac{1}{a}})=\dfrac{\log e^{\frac{1}{a}}}{e}=\dfrac{1}{ae}$ だから

x	1	$\cdots$	$e^{\frac{1}{a}}$	$\cdots$
$f'(x)$		$+$	0	$-$
$f(x)$		$\nearrow$	$\dfrac{1}{ae}$	$\searrow$

よって，$f(x)$ は $x=e^{\frac{1}{a}}$ のとき最大値

$$\frac{1}{ae}$$

をとる．

(2)　$$\log (n!)^{\frac{1}{n^p}}=\frac{\log n!}{n^p}=\frac{\log 1+\log 2+\log 3+\cdots+\log n}{n^p}.$$

ここで，

$$0<\frac{\log 1+\log 2+\log 3+\cdots+\log n}{n^p}<\frac{n\log n}{n^p}=\frac{\log n}{n^{p-1}}.$$

(1)の結果から $p>1$ のとき

$$\frac{\log n}{n^{p-1}}=\frac{\log n}{n^{\frac{p-1}{2}}}\cdot\frac{1}{n^{\frac{p-1}{2}}}\leqq\frac{2}{(p-1)e}\cdot\frac{1}{n^{\frac{p-1}{2}}}\longrightarrow 0 \quad (n\to\infty)$$

が成り立つので

$$\lim_{n\to\infty}\log (n!)^{\frac{1}{n^p}}=0.$$

$$\therefore\quad \lim_{n\to\infty}(n!)^{\frac{1}{n^p}}=1.$$

（話題と研究）

$n!$ についての極限の扱い方を少し補足しておきましょう．

問題 7 の (話題と研究) (p.10) で示しましたように，不等式

$$n^{\frac{n}{2}} < n! < n^n \quad (n \geqq 3) \qquad \cdots ①$$

が成立しますから，これを使って考えてみましょう．たとえば，

$$n^{\frac{1}{2}} < (n!)^{\frac{1}{n}} < n$$

であり $\lim\limits_{n \to \infty} (n!)^{\frac{1}{n}} = \infty$ です．ですから本問の場合 $p=1$ なら発散します．また $p>1$ なら $p=1+\alpha \ (\alpha>0)$ とおけるので，① により

$$\left(n^{\frac{n}{2}}\right)^{\frac{1}{n^p}} < (n!)^{\frac{1}{n^p}} < \left(n^n\right)^{\frac{1}{n^p}}.$$

$$n^{\frac{1}{2n^\alpha}} < (n!)^{\frac{1}{n^p}} < n^{\frac{1}{n^\alpha}}.$$

両辺の自然対数をとって，

$$\frac{\log n}{2n^\alpha} < \log (n!)^{\frac{1}{n^p}} < \frac{\log n}{n^\alpha}. \qquad \cdots ②$$

ここで $\lim\limits_{x \to \infty} \dfrac{\log x}{x^\alpha} = 0 \ (\alpha>0)$ （証明は問題 14 の (話題と研究) (p.23) を見てください）を用いれば，

$$\lim_{n \to \infty} \log (n!)^{\frac{1}{n^p}} = 0.$$

すなわち，$\lim\limits_{n \to \infty} (n!)^{\frac{1}{n^p}} = 1$ を得ます．ただしこの極限を求めるのが目的であるなら，$1 \leqq (n!)^{\frac{1}{n^p}}$ であることは明らかですから，② においては右側の不等式の評価だけでよいでしょう．【解答】もこの考えに従っています．

14.

【解答】

$$x^{\sqrt{a}} \leqq a^{\sqrt{x}} \iff x^{\frac{1}{\sqrt{x}}} \leqq a^{\frac{1}{\sqrt{a}}}$$

$$\iff \frac{1}{\sqrt{x}} \log x \leqq \frac{1}{\sqrt{a}} \log a$$

である．ここで，$f(x) = \dfrac{1}{\sqrt{x}} \log x$ とすると，

$$f'(x) = \frac{2 - \log x}{2x\sqrt{x}}$$

より，

x	(0)	$\cdots$	e^2	$\cdots$
$f'(x)$	$\diagup$	$+$	0	$-$
$f(x)$	$\diagup$	$\nearrow$	最大	$\searrow$

$f(x)$ の最大値を考えて，求める a の値は，$\boldsymbol{a=e^2}$.

（話題と研究）

増減表より，$y=f(x)$ のグラフは

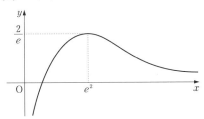

となります．これを描くとき $\displaystyle\lim_{x\to\infty}\frac{\log x}{\sqrt{x}}=0$ を確かめておかなくてはいけません．

$$\frac{\log x}{\sqrt{x}}=2\cdot\frac{\log\sqrt{x}}{\sqrt{x}}$$

ですから，この極限は $\displaystyle\lim_{x\to\infty}\frac{\log x}{x}=0$ と同じことです．

この証明は問題 18 に出てきますが，ここでは別の方法を見ておきましょう．

$x\to\infty$ のとき，

$$\begin{aligned}
0<\frac{\log x}{x}&=\frac{1}{x}\int_1^x\frac{1}{t}\,dt\\
&\leqq\frac{1}{x}\int_1^x\frac{1}{\sqrt{t}}\,dt\\
&=\frac{2(\sqrt{x}-1)}{x}\longrightarrow 0.
\end{aligned}$$

したがって $\displaystyle\lim_{x\to\infty}\frac{\log x}{x}=0$ です．

この極限は $\log x$ についての極限として，とても基本的でいろいろな変形があります．

たとえば，x を x^α $(\alpha>0)$ でおき換えると，

$$\lim_{x\to\infty}\frac{\log x^\alpha}{x^\alpha}=0.$$

ここで，

$$\frac{\log x^{\alpha}}{x^{\alpha}}=\frac{\alpha\log x}{x^{\alpha}}$$

ですから，

$$\lim_{x\to\infty}\frac{\log x}{x^{\alpha}}=0 \quad (\alpha>0)$$

です．

ところで $\log x$ というわかりにくい関数が易しい関数 $\frac{1}{x}$ の定積分で表すことができるということは，$\log x$ のいろいろな性質を知るうえで役に立つことです．（ひょっとするとこれが $\log x$ の定義？）

15.

【解答】

(1) $f(x)=e^{x}-\left(1+\frac{1}{2}x^2\right) (x\geqq0)$ とすると，

$$f'(x)=e^{x}-x, \ f''(x)=e^{x}-1\geqq0.$$

$f'(x)$ は単調増加で $f'(0)=1>0$ より，$f'(x)>0$．これより $f(x)$ は単調増加で $f(0)=0$ だから $f(x)\geqq0$．

ゆえに $e^{x}\geqq1+\frac{1}{2}x^2$ が示された．

(2) $f_n(x)=n^2(x-1)e^{-nx} \quad (x\geqq0)$ に対して，

$$f_n'(x)=n^2\{(n+1)-nx\}e^{-nx}.$$

x	0	$\cdots$	$\dfrac{n+1}{n}$	$\cdots$
$f_n'(x)$		$+$	0	$-$
$f_n(x)$		$\nearrow$	最大	$\searrow$

増減表より，

$$M_n=f_n\left(\frac{n+1}{n}\right)=\frac{n}{e^{n+1}}.$$

$$S_n=\sum_{k=1}^{n}M_k=\frac{1}{e^2}+\frac{2}{e^3}+\frac{3}{e^4}+\cdots+\frac{n}{e^{n+1}}$$

とおくと，

$$S_n-\frac{1}{e}S_n=\frac{1}{e^2}+\frac{1}{e^3}+\frac{1}{e^4}+\cdots+\frac{1}{e^{n+1}}-\frac{n}{e^{n+2}}.$$

$$\therefore \quad \left(1-\frac{1}{e}\right)S_n=\frac{\dfrac{1}{e^2}\left(1-\dfrac{1}{e^n}\right)}{1-\dfrac{1}{e}}-\frac{n}{e^{n+2}}.$$

ここで，(1) により，$n\to\infty$ のとき

$$0<\frac{n}{e^{n+2}}\leqq\frac{n}{1+\dfrac{1}{2}(n+2)^2}\leqq\frac{n}{\dfrac{1}{2}n^2}\leqq\frac{2}{n}\longrightarrow 0$$

であるから

$$\lim_{n\to\infty}\left(1-\frac{1}{e}\right)S_n=\frac{\dfrac{1}{e^2}}{1-\dfrac{1}{e}}.$$

$$\sum_{n=1}^{\infty}M_n=\lim_{n\to\infty}S_n=\frac{\dfrac{1}{e^2}}{\left(1-\dfrac{1}{e}\right)^2}=\frac{1}{(e-1)^2}.$$

16.

【解答】

(1) $y=\dfrac{\log x}{x^2}$ のとき $y'=\dfrac{1-2\log x}{x^3}$.

$$\lim_{x\to 0}\frac{\log x}{x^2}=-\infty, \quad \lim_{x\to\infty}\frac{\log x}{x^2}=0$$

だから，増減表

x	(0)	$\cdots$	$\sqrt{e}$	$\cdots$	(∞)
y'		$+$	0	$-$	
y	$(-\infty)$	$\nearrow$	$\dfrac{1}{2e}$	$\searrow$	(0)

により C_1 のグラフは

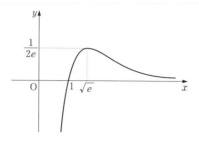

(2)
$$\frac{\log x}{x^2}-a\log x=\frac{1-ax^2}{x^2}\log x$$

により C_1 と C_2 との交点の x 座標は

$$x=1,\ \frac{1}{\sqrt{a}}.$$

また，$1<x<\dfrac{1}{\sqrt{a}}$ において $\dfrac{\log x}{x^2}>a\log x$ であるから

$$S(a)=\int_1^{\frac{1}{\sqrt{a}}}\left(\frac{\log x}{x^2}-a\log x\right)dx$$

$$=\left[-\frac{\log x}{x}-\frac{1}{x}-a(x\log x-x)\right]_1^{\frac{1}{\sqrt{a}}}$$

$$=\sqrt{a}\,\log a-a+1.$$

(3) $\dfrac{1}{\sqrt{a}}=b$ とおくと，

$$S(a)=-\frac{2\log b}{b}-\frac{1}{b^2}+1.$$

$a\to+0$ のとき $b\to\infty$ だから，

$$\lim_{a\to+0}S(a)=\lim_{b\to\infty}\left(-\frac{2\log b}{b}-\frac{1}{b^2}+1\right)=1.$$

（話題と研究）

　$C_2:y=a\log x$ は $a\to+0$ のとき $y=0$ つまり x 軸に収束します．ただし，x が 1 から遠ざかるほど近づき方がとても遅いのですが（正確には「一様に収束しない」という），これを認めると本問の(3)の $S(a)$ は次ページ右図の網目部分の面積に収束していくことになります．

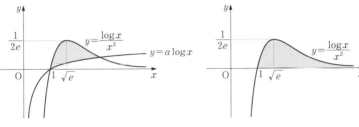

ところで,

$$\lim_{x \to \infty} \frac{\log x}{x} = 0, \quad \lim_{x \to \infty} \frac{x}{e^x} = 0$$

などの極限公式は，微積分の問題の解答中自由に用いてもよいのでしょうか．これは，原則として O.K. です．他の公式と同様に扱ってください．ただしどのような公式でもそうですが，問題文中に，「証明せよ」,「示せ」と書いてあれば当然そうしなくてはいけませんよね．私たちの【解答】もこの考えに基づいています．

17.

【解答】

(1) $f(t) = \log t - \dfrac{1}{e} t$ に対して，$f'(t) = \dfrac{1}{t} - \dfrac{1}{e}$.

t	(0)	$\cdots$	e	$\cdots$
$f'(t)$		$+$	0	$-$
$f(t)$		$\nearrow$	0	$\searrow$

増減表から，$f(t) \leqq 0$.

$t = x^{\frac{1}{n}}$ とすると，

$$\log x^{\frac{1}{n}} - \frac{1}{e} x^{\frac{1}{n}} \leqq 0.$$

$$\therefore \quad \log x \leqq \frac{n}{e} x^{\frac{1}{n}}. \qquad \cdots ①$$

(2) $g(x) = \dfrac{\log x}{x}$ とすると $g'(x) = \dfrac{1 - \log x}{x^2}$.

また，① で $n = 2$ とすれば $\log x \leqq \dfrac{2}{e}\sqrt{x}$ であるから

$$0 < \frac{\log x}{x} \leqq \frac{2}{e\sqrt{x}} \longrightarrow 0 \quad (x \to \infty).$$

したがって，はさみうちの原理より $\displaystyle\lim_{x\to\infty}\frac{\log x}{x}=0$ であるから，$g(x)$ の増減は次のようになる．

x	(0)	$\cdots$	e	$\cdots$	(∞)
$g'(x)$		$+$	0	$-$	
$g(x)$	$(-\infty)$	$\nearrow$	$\dfrac{1}{e}$	$\searrow$	(0)

よって，$y=g(x)$ のグラフは

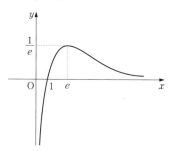

(3) $a>0$，$b>0$ のとき，

$$a^b=b^a \iff \frac{\log a}{a}=\frac{\log b}{b} \iff g(a)=g(b).$$

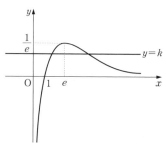

　$y=g(x)$ のグラフと直線 $y=k$ のグラフの交点に注意すれば，$a<b$ で $g(a)=g(b)$ を満たす b が存在するような a の範囲は，

$$1<a<e.$$

18.

【解答】

(1)
$$f(x)=e^x-\frac{x^2}{2}$$

とおくと,
$$f'(x)=e^x-x, \quad f''(x)=e^x-1, \quad f'''(x)=e^x>0.$$

$f'''(x)>0$ であることと $f''(0)=0$ とから $f''(x)>0$. このとき $f'(0)=1$ とから $f'(x)>0$. さらにこれと $f(0)=1$ とから $f(x)>0$. よって,

$$x>0 \text{ のとき } \frac{x^2}{2}<e^x.$$

(2) $\log x=t$ とおくと, $x=e^t$ で, $\dfrac{\log x}{x}=\dfrac{t}{e^t}$. $x\to\infty$ のとき $t\to\infty$.

(1)の結果から $t>0$ のとき $\dfrac{t^2}{2}<e^t$ だから

$$0<\frac{t}{e^t}<\frac{2}{t} \longrightarrow 0 \quad (t\to\infty).$$

$$\therefore \quad \lim_{x\to\infty}\frac{\log x}{x}=0.$$

(3) $g(x)=\dfrac{\log x}{x}$ とおくと $g'(x)=\dfrac{1-\log x}{x^2}$.

x	(0)	$\cdots$	e	$\cdots$	(∞)
$g'(x)$		$+$	0	$-$	
$g(x)$	$(-\infty)$	↗	$\dfrac{1}{e}$	↘	(0)

解の個数は $y=\dfrac{\log x}{x}$ と $y=k$ のグラフの

交点を調べて

$$\begin{cases} k\leqq 0 \text{ のとき} & 1, \\[2mm] 0<k<\dfrac{1}{e} \text{ のとき} & 2, \\[2mm] k=\dfrac{1}{e} \text{ のとき} & 1, \\[2mm] \dfrac{1}{e}<k \text{ のとき} & 0. \end{cases}$$

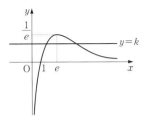

(話題と研究)

[さらに知りたい人のために]の34.(p.137)で証明しますが,任意の実数 x に対して,

$$e^x=1+\frac{x}{1!}+\frac{x^2}{2!}+\frac{x^3}{3!}+\frac{x^4}{4!}+\cdots$$

が成立します.すなわち,この式の右辺の無限級数は収束してその値が e^x に等しくなるのです.したがって $x\geqq0$ のとき不等式

$$e^x\geqq1+\frac{x}{1!}+\frac{x^2}{2!}+\frac{x^3}{3!}+\cdots+\frac{x^n}{n!}\quad(n=1,\ 2,\ 3,\ \cdots)\qquad\cdots(*)$$

が成り立ちます.この事実を答案に使用した場合,採点者がどう受けとめるかは私たちも予想できません.ですから積極的な使用はお勧めするわけにはいきませんけど,知っておくだけでとても役立ちます.特に不等式

$$e^x\geqq1+x\quad(x\geqq0)$$

は明らかですよね.本問の(1)の不等式や問題 15 の(1)の不等式 $e^x\geqq1+\dfrac{1}{2}x^2$ $(x\geqq0)$ も $(*)$ から自明となります.そして $(*)$ は入試問題の中では

$$\lim_{x\to\infty}\frac{x}{e^x}=0$$

などの極限公式の証明に利用される手法の背景になっています.

19.

【解答】 $a\leqq b$ としても一般性を失わない.$a<b$ のとき,

$$\begin{aligned}
B-A&=2^{p-1}(a^p+b^p)-(a+b)^p\\
&=2^{p-1}\Big\{a^p+b^p-2\Big(\frac{a+b}{2}\Big)^p\Big\}\\
&=2^{p-1}\Big[\Big\{b^p-\Big(\frac{a+b}{2}\Big)^p\Big\}-\Big\{\Big(\frac{a+b}{2}\Big)^p-a^p\Big\}\Big].
\end{aligned}$$

ここで平均値の定理により,$a<c<\dfrac{a+b}{2}<d<b$ である $c,\ d$ が存在して,

$$B-A=2^{p-1}\cdot\frac{b-a}{2}\cdot p(d^{p-1}-c^{p-1})$$

より,

$0<p<1$ のとき $B-A<0$,$p=1$ のとき $B-A=0$,$p>1$ のとき $B-A>0$.
したがって一般に

$a\neq b$ のとき,$0<p<1$ なら $A>B$,$p=1$ なら $A=B$,$p>1$ なら $A<B$.

また $a=b$ のとき $A=B$ は明らかである.

（話題と研究）

$y=x^p$ $(x>0)$ を考えるとき，$1<p$ なら下に凸，（$p=0$ なら直線），$0<p<1$ なら上に凸であることは2次導関数を考えればすぐわかりますね.

グラフをかいてこの凸性に注意すると，たとえば $1<p$ のとき $0<a<b$ に対し，

$$\left(\frac{a+b}{2}\right)^p < \frac{a^p+b^p}{2}$$

はほぼ自明でしょう.

これよりただちに，

$$(a+b)^p < 2^{p-1}(a^p+b^p)$$

を得ますが，本質的なところは**下に凸**であることです. 下に凸であることは1次導関数が単調増加であることと同じですから，これを定式化して解答にもっていくには平均値の定理を使って，傾きを調べていくとよいでしょう.【解答】ではこの方針に従っています. また具体的な凸関数を与えることにより，不等式の多くがこの考えから導けます.

20.

【解答】

(1) $0<x<\pi$ において，関数

$$F(x)=\sin\{px+(1-p)\theta_2\}-p\sin x-(1-p)\sin\theta_2$$

を考えると，

$$F'(x)=p[\cos\{px+(1-p)\theta_2\}-\cos x].$$

ここで $0<x<\pi$ において $\cos x$ は減少関数であることより，

x	(0)	$\cdots$	θ_2	$\cdots$	(π)
$F'(x)$		$-$	0	$+$	
$F(x)$		$\searrow$		$\nearrow$	

$$F(x) \geq F(\theta_2)=0.$$

したがって，

$$p \sin\theta_1 + (1-p)\sin\theta_2 \leqq \sin\{p\theta_1 + (1-p)\theta_2\} \qquad \cdots ①$$

は示されて，等号は $\theta_1 = \theta_2$ のときに限り成立する．

(2) $n \geqq 2$ のとき，

$$0 < p_1,\ p_2,\ \cdots,\ p_n,\quad p_1 + p_2 + \cdots + p_n = 1$$

に対して，

$$\sum_{i=1}^{n} p_i \sin\theta_i \leqq \sin\left(\sum_{i=1}^{n} p_i \theta_i\right) \qquad \cdots ②$$

が成立する（等号は $\theta_1 = \theta_2 = \cdots = \theta_n$ のときに限り成立）ことを数学的帰納法で示す．

$n = 2$ のときは(1)で示した．

$n = k\ (\geqq 2)$ のときに ② が成立すると仮定する．このとき，

$$\sin\left(\sum_{i=1}^{k+1} p_i \theta_i\right) = \sin\left\{(p_1 + p_2)\left(\frac{p_1}{p_1 + p_2}\theta_1 + \frac{p_2}{p_1 + p_2}\theta_2\right) + \sum_{i=3}^{k+1} p_i \theta_i\right\}.$$

$(p_1 + p_2) + p_3 + \cdots + p_{k+1} = 1$ であるから仮定より，

$$\sin\left(\sum_{i=1}^{k+1} p_i \theta_i\right) \geqq (p_1 + p_2)\sin\left(\frac{p_1}{p_1 + p_2}\theta_1 + \frac{p_2}{p_1 + p_2}\theta_2\right) + \sum_{i=3}^{k+1} p_i \sin\theta_i$$

$$\geqq (p_1 + p_2)\left\{\frac{p_1}{p_1 + p_2}\sin\theta_1 + \frac{p_2}{p_1 + p_2}\sin\theta_2\right\} + \sum_{i=3}^{k+1} p_i \sin\theta_i$$

$$= \sum_{i=1}^{k+1} p_i \sin\theta_i.$$

等号は

$$\frac{p_1}{p_1 + p_2}\theta_1 + \frac{p_2}{p_1 + p_2}\theta_2 = \theta_3 = \cdots = \theta_{k+1} \ \text{かつ}\ \theta_1 = \theta_2$$

すなわち $\theta_1 = \theta_2 = \cdots = \theta_{k+1}$ のときに限り成立する．したがって ② は示された．② において

$$p_i = \frac{1}{n} \quad (i = 1,\ 2,\ \cdots,\ n)$$

とすれば

$$\frac{\sin\theta_1 + \sin\theta_2 + \cdots + \sin\theta_n}{n} \leqq \sin\left(\frac{\theta_1 + \theta_2 + \cdots + \theta_n}{n}\right) \qquad \cdots ③$$

を得る．

(3) n 角形の頂点を $A_1,\ A_2,\ \cdots,\ A_n\ (A_1 = A_{n+1}$ とする)，円の中心を O，$\angle A_i O A_{i+1} = \theta_i\ (i = 1,\ 2,\ \cdots,\ n)$，円の半径を r，n 角形の面積を S とすると，

$$S = \sum_{i=1}^{n} \frac{1}{2} r^2 \sin\theta_i.$$

　ここで
$$0<\theta_1,\ \theta_2,\ \cdots,\ \theta_n<\pi,\quad \theta_1+\theta_2+\cdots+\theta_n=2\pi$$
であるから ③ により，
$$S=\frac{nr^2}{2}\cdot\frac{\sin\theta_1+\sin\theta_2+\cdots+\sin\theta_n}{n}$$
$$\leqq\frac{nr^2}{2}\sin\left(\frac{\theta_1+\theta_2+\cdots+\theta_n}{n}\right)$$
$$=\frac{nr^2}{2}\sin\frac{2\pi}{n}.$$

　等号は $\theta_1=\theta_2=\cdots=\theta_n$ のときに限り成立して，このとき，n 角形は正 n 角形である．したがって題意は示された．

(話題と研究)

　関数 $y=f(x)$ は，定義された区間において少なくとも 2 回まで微分可能で $f''(x)<0$ であるとします．このとき $f'(x)$ は減少関数なので，本問の (1) とまったく同様に考えて，$0<t<1$ に対し，
$$tf(a)+(1-t)f(b)\leqq f\{ta+(1-t)b\}$$
が成立します．$f''(x)<0$ は $y=f(x)$ のグラフが上に凸であることを表すので，次図をイメージするとこの不等式の意味がわかり易いでしょう．

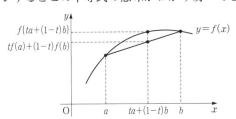

　さらに本問の (2) とまったく同様に次の性質（**イェンゼン**〈Jensen〉**の不等式**）が成立します．

　$0<t_1,\ t_2,\ \cdots,\ t_n,\ t_1+t_2+\cdots+t_n=1$ に対して，
$$f''(x)>0\implies \sum_{i=1}^{n}t_if(x_i)\geqq f\!\left(\sum_{i=1}^{n}t_ix_i\right).$$
$$f''(x)<0\implies \sum_{i=1}^{n}t_if(x_i)\leqq f\!\left(\sum_{i=1}^{n}t_ix_i\right).$$

　等号は $x_1=x_2=\cdots=x_n$ のときに限り成立する．

　証明の詳細は，【解答】と同様に帰納法で示せますので，これはぜひ各自で確かめてみてください．

　ところで，【解答】でもそうしたように，③ の形を直接考えるよりむしろその

一般化である ② の形の方が ① からの流れがつかみ易いことにも注意をしてください. 一般化は, 時に問題の本質を私たちによく理解させてくれます. 次に, ここではイェンゼンの不等式の帰納法を使わない証明の 1 つを紹介しておきましょう.

[イェンゼンの不等式の証明]

$f''(x) > 0$ の場合を考える. ($f''(x) < 0$ のときも同様)

$a = \sum_{i=1}^{n} t_i x_i$ とおく. $y = f(x)$ の $x = a$ における接線を l_a とすると

$$l_a : y = f'(a)(x - a) + f(a).$$

ここで $F(x) = f(x) - \{f'(a)(x - a) + f(a)\}$ とすると,

$$F'(x) = f'(x) - f'(a).$$

$f''(x) > 0$ だから $f'(x)$ は増加関数であり, $F(x)$ は $x = a$ のときに最小. したがって,

$$F(x) \geqq F(a) = 0.$$

これより

$$f(x) \geqq f'(a)(x - a) + f(a) \qquad \cdots ④$$

が任意の x に対して成立し, 等号は $x = a$ に限ることがわかる.

[注] ここまでの話は次図をイメージしてください.

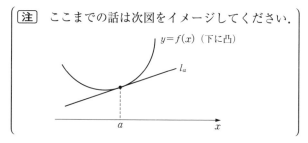

さて ④ より,

$$\sum_{i=1}^{n} t_i f(x_i) \geqq \sum_{i=1}^{n} t_i \{f'(a)(x_i - a) + f(a)\}$$

$$= f'(a)\left(\sum_{i=1}^{n} t_i x_i - \sum_{i=1}^{n} t_i a\right) + \sum_{i=1}^{n} t_i f(a)$$

$$= f(a) = f\left(\sum_{i=1}^{n} t_i x_i\right).$$

(証明終り)

この証明法は流れがシンプルで憶え易いのが長所です.

次の問題で確認してみましょう.

正の数 x_1, x_2, $\cdots$, x_n が $\sum_{i=1}^{n} x_i = 1$ を満たしているとき，不等式

$$\sum_{i=1}^{n} x_i \log x_i \geqq \log \frac{1}{n}$$

が成立することを証明せよ．また，等号が成立するのは

$$x_1 = x_2 = \cdots = x_n$$

の場合に限ることを示せ．

（金沢大）

$f(x) = x \log x$ $(x > 0)$ とすると，

$$f'(x) = \log x + 1, \quad f''(x) = \frac{1}{x} > 0$$

ですから，いまの証明と同じように $\left(t_i = \dfrac{1}{n} \ とおく \right)$

$$\sum_{i=1}^{n} \frac{1}{n} f(x_i) \geqq f\left(\sum_{i=1}^{n} \frac{1}{n} x_i \right)$$

$$\Longleftrightarrow \frac{1}{n} \sum_{i=1}^{n} x_i \log x_i \geqq \frac{1}{n} \log \frac{1}{n}$$

$$\Longleftrightarrow \sum_{i=1}^{n} x_i \log x_i \geqq \log \frac{1}{n}$$

が得られます．

　それでは次の問題に挑戦してみてください．

[チャレンジ問題]

　正の数 x_1, x_2, $\cdots$, x_n が $\sum_{i=1}^{n} x_i = 1$ を満たしているとき，不等式

$$x_1{}^{x_1} x_2{}^{x_2} \cdots x_n{}^{x_n} \leqq x_1{}^2 + x_2{}^2 + \cdots + x_n{}^2$$

が成立することを示せ．

　解答は，[さらに知りたい人のために]の 20.（p.136）にあります．

　以上のように，イェンゼンの不等式から具体的な不等式がいろいろと導ける
のですが，最後に相加・相乗平均の不等式の証明を取り上げておきましょう．

　$f(x) = e^x$ とすると

$$f''(x) = e^x > 0$$

ですから，イェンゼンの不等式において，

$$t_1 = t_2 = \cdots = t_n = \frac{1}{n}$$

とすると,

$$\frac{e^{x_1}+e^{x_2}+\cdots+e^{x_n}}{n} \geqq e^{\frac{x_1+x_2+\cdots+x_n}{n}} = \sqrt[n]{e^{x_1}e^{x_2}\cdots e^{x_n}}.$$

$a_i=e^{x_i}$ とおくと,$(a_i>0)$

$$\frac{a_1+a_2+\cdots+a_n}{n} \geqq \sqrt[n]{a_1 a_2 \cdots a_n}.$$

等号は $a_1=a_2=\cdots=a_n$ のときに限り成立します.

21.

【解答】

(1) $f(x)=\log(1+x)-\dfrac{x}{1+x}$ とおくと

$$f'(x)=\frac{1}{1+x}-\frac{1+x-x}{(1+x)^2}=\frac{1}{1+x}-\frac{1}{(1+x)^2}=\frac{x}{(1+x)^2}>0, \quad f(0)=0$$

だから

$$x>0 \text{ のとき, } f(x)>0.$$

また,$g(x)=x-\log(1+x)$ とおくと

$$g'(x)=1-\frac{1}{1+x}=\frac{x}{1+x}>0, \quad g(0)=0$$

だから

$$x>0 \text{ のとき, } g(x)>0.$$

よって

$$x>0 \text{ のとき, } \frac{x}{1+x}<\log(1+x)<x$$

が成り立つ.

(2) $\dfrac{a_n}{n}>0$ だから,(1)の結果で $x=\dfrac{a_n}{n}$ とおくと

$$\frac{\dfrac{a_n}{n}}{1+\dfrac{a_n}{n}}<\log\Bigl(1+\frac{a_n}{n}\Bigr)<\frac{a_n}{n}.$$

$$\therefore \quad \frac{a_n}{1+\dfrac{a_n}{n}}<\log\Bigl(1+\frac{a_n}{n}\Bigr)^n<a_n.$$

ここで,$\displaystyle\lim_{n\to\infty}a_n=\alpha$ だから $\displaystyle\lim_{n\to\infty}\frac{a_n}{n}=0.$ したがって $\displaystyle\lim_{n\to\infty}\frac{a_n}{1+\dfrac{a_n}{n}}=\alpha.$

$$\therefore \quad \lim_{n\to\infty} \log\left(1+\frac{a_n}{n}\right)^n = \alpha.$$

よって

$$\lim_{n\to\infty}\left(1+\frac{a_n}{n}\right)^n = e^\alpha.$$

(話題と研究)

(2) を (1) の結果を用いずに示すことも自然にできます.

$\lim\limits_{n\to\infty}\dfrac{a_n}{n}=0$ ですから,

$$\lim_{n\to\infty}\left(1+\frac{a_n}{n}\right)^n = \lim_{n\to\infty}\left\{\left(1+\frac{a_n}{n}\right)^{\frac{n}{a_n}}\right\}^{a_n} = e^\alpha.$$

22.

【解答】

(1)　$f_n{}'(x)=n(e^x-e^{-x})^{n-1}(e^x+e^{-x})$ であるから,

$$f_n{}'(0)=\begin{cases} 2 & (n=1 \text{ のとき}), \\ 0 & (n\geqq 2 \text{ のとき}). \end{cases}$$

(2)　$f_n(x)=(e^x-e^{-x})^n$

$$=\sum_{k=0}^{n} {}_n\mathrm{C}_k(e^x)^{n-k}(-e^{-x})^k$$

$$=\sum_{k=0}^{n} (-1)^k {}_n\mathrm{C}_k e^{(n-2k)x}$$

だから,

$$f_n{}'(x)=\sum_{k=0}^{n} (-1)^k {}_n\mathrm{C}_k(n-2k)e^{(n-2k)x}.$$

$$\therefore \quad f_n{}'(0)=\sum_{k=0}^{n} (-1)^k (n-2k){}_n\mathrm{C}_k.$$

したがって (1) により,

$$\sum_{k=0}^{n} (-1)^k(n-2k){}_n\mathrm{C}_k=\begin{cases} 2 & (n=1 \text{ のとき}), \\ 0 & (n\geqq 2 \text{ のとき}). \end{cases}$$

(話題と研究)

　数列の和を微分を用いて計算する方法は, だれが初めて試みたのかは知りませんが, GOOD IDEA ですよね.

本問では，この方法で二項係数の和がうまく求められています．指数関数を使っているところもイケてます．少しまねをしてみましょう．

$g_n(x) = (e^x + 1)^n$ $(n \geq 2)$ とします．

$$g_n(x) = \sum_{k=0}^{n} {}_nC_k e^{kx}.$$

$$g_n{}'(x) = \sum_{k=0}^{n} k \, {}_nC_k e^{kx}.$$

$$g_n{}''(x) = \sum_{k=0}^{n} k^2 \, {}_nC_k e^{kx}.$$

一方

$$g_n{}'(x) = n e^x (e^x + 1)^{n-1}.$$
$$g_n{}''(x) = n\{e^x(e^x+1)^{n-1} + (n-1)e^{2x}(e^x+1)^{n-2}\}$$

だから，

$$\sum_{k=0}^{n} k^2 \, {}_nC_k = g_n{}''(0)$$
$$= n\{2^{n-1} + (n-1)2^{n-2}\}$$
$$= n(n+1)2^{n-2}.$$

23.

【解答】

(1) $f(x) = x^3\left(\log x - \dfrac{4}{3}\right)$ のとき，

$$f'(x) = 3x^2\left(\log x - \frac{4}{3}\right) + x^3\left(\frac{1}{x}\right) = 3x^2\log x - 3x^2 = 3x^2(\log x - 1),$$

$$f''(x) = 6x\log x + 3x^2 \cdot \frac{1}{x} - 6x = 6x\log x - 3x = 6x\left(\log x - \frac{1}{2}\right).$$

$$f'(x) = 0 \iff x = e, \quad f''(x) = 0 \iff x = \sqrt{e}.$$

$$f(e) = e^3\left(1 - \frac{4}{3}\right) = -\frac{e^3}{3}, \quad f(\sqrt{e}) = e\sqrt{e}\left(\frac{1}{2} - \frac{4}{3}\right) = -\frac{5}{6}e\sqrt{e}.$$

また，

$$\lim_{x \to \infty} f(x) = \lim_{x \to \infty} x^3\left(\log x - \frac{4}{3}\right) = \infty,$$

$$\lim_{x \to +0} f(x) = \lim_{x \to +0} x^3\left(\log x - \frac{4}{3}\right) = \lim_{x \to +0} x^2\left(x\log x - \frac{4}{3}x\right) = 0.$$

よって $f(x)$ の増減およびグラフの概形は次のようになる．

x	(0)	$\cdots$	$\sqrt{e}$	$\cdots$	e	$\cdots$
$f'(x)$		$-$	$-$	$-$	0	$+$
$f''(x)$		$-$	0	$+$	$+$	$+$
$f(x)$	(0)	$\searrow$	$-\dfrac{5}{6}e^{\frac{3}{2}}$	$\searrow$	$-\dfrac{e^3}{3}$	$\nearrow(\infty)$

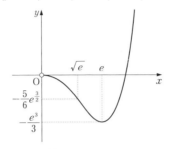

(2)　$y=f(x)$ 上の点 $(x,\ f(x))$ における接線は
$$Y-f(x)=f'(x)(X-x).$$
　　y 切片は $X=0$ として $Y=f(x)-xf'(x)$.
$$\therefore\quad \boldsymbol{F(x)=f(x)-xf'(x)=x^3\!\left(\dfrac{5}{3}-2\log x\right).}$$

(3)
$$F'(x)=f'(x)-f'(x)-xf''(x)=-xf''(x).$$
$$F'(x)=0 \iff f''(x)=0 \iff x=\sqrt{e}$$
だから

x	(0)	$\cdots$	$\sqrt{e}$	$\cdots$
$F'(x)$		$+$	0	$-$
$F(x)$		$\nearrow$	最大	$\searrow$

よって $F(x)$ は $x=\sqrt{e}$ で最大値をとるから
$$\boldsymbol{x_0=\sqrt{e}\,.}$$

(4)　$x_0=\sqrt{e}$ であり，$\sqrt{e}<x$ のとき，(1) より $f''(x)>0$ だから $f'(x)$ は単調増加．

　　ここで，平均値の定理により，$x_0\leqq a<b$ のとき，
$$\dfrac{f(b)-f(a)}{b-a}=f'(c)\quad (a<c<b)$$
$$>f'(\sqrt{e}\,)$$
$$=-\dfrac{3}{2}e.$$

24.

【解答】

(1) $g(x)=xe^x-me^x+m$ とおくと

$$g'(x)=e^x+xe^x-me^x=e^x\{x-(m-1)\}.$$

x	0	$\cdots$	$m-1$	$\cdots$
$g'(x)$		$-$	0	$+$
$g(x)$	0	$\searrow$	負	$\nearrow$

増減表から $g(m-1)<0$ で $g(m)=m>0$, また $m-1<x$ において $g(x)$ は単調増加だから $g(x)=0$ を満たす正の実数 x は $m-1<x<m$ の範囲にただ1つ存在する. よって

$$m-1<c<m.$$

(2) $f(x)=\dfrac{e^x-1}{x^m}$ のとき

$$f'(x)=\frac{e^x x^m-mx^{m-1}(e^x-1)}{x^{2m}}=\frac{x^{m-1}(xe^x-me^x+m)}{x^{2m}}=\frac{x^{m-1}g(x)}{x^{2m}}.$$

(1)の結果から $x<c$ のとき $g(x)<0$, $c<x$ のとき $g(x)>0$, $g(c)=0$ だから $f(x)$ の増減は次のようになる.

x	(0)	$\cdots$	c	$\cdots$
$f'(x)$		$-$	0	$+$
$f(x)$		$\searrow$	最小	$\nearrow$

よって $f(x)$ は $x=c$ で最小.

(3)

$$a_m=\frac{e^c-1}{c^m}.$$

ここで $1\leqq m-1<c<m$ により, $1<e^c-1$ および a_m は $f(x)$ の最小値であることに注意すると,

$$\frac{1}{m^m}<\frac{1}{c^m}<\frac{e^c-1}{c^m}=a_m=f(c)\leqq f(m)=\frac{e^m-1}{m^m}<\frac{e^m}{m^m}.$$

自然対数をとり,

$$-m\log m<\log a_m<m-m\log m.$$

$$-1<\frac{\log a_m}{m\log m}<\frac{1}{\log m}-1$$

だから,

$$\lim_{m\to\infty}\frac{\log a_m}{m\log m}=-1.$$

話題と研究

　(3) は次のような別解も考えられます.

[(3) の別解]

　$x=c$ は $g(x)=0$ を満たすから,

$$ce^c - me^c + m = 0 \ \text{より}, \ e^c - 1 = \frac{ce^c}{m}.$$

このとき,

$$a_m = \frac{e^c - 1}{c^m} = \frac{ce^c}{mc^m}.$$

これより

$$\frac{\log a_m}{m \log m} = \frac{\log \dfrac{ce^c}{mc^m}}{m \log m}$$

$$= \frac{\log c + c}{m \log m} - \frac{1}{m} - \frac{\log c}{\log m}.$$

ここで, $2 \leqq m$ より $\dfrac{m}{2} \leqq m - 1 < c < m$ だから

$$\log \frac{m}{2} < \log c < \log m.$$

$$\log m - \log 2 < \log c < \log m.$$

$$\therefore \ \ 1 - \frac{\log 2}{\log m} < \frac{\log c}{\log m} < 1.$$

これより,

$$\lim_{m \to \infty} \frac{\log c}{\log m} = 1.$$

したがって, はさみうちの原理により,

$$\lim_{m \to \infty} \frac{\log a_m}{m \log m} = -1. \hspace{3em} \text{(別解終り)}$$

　また, 問題 18 の 話題と研究 (p.30) に出てきた不等式によると, $x > 0$ のとき,

$$e^x > 1 + \frac{x^m}{m!}.$$

$$\frac{e^x - 1}{x^m} > \frac{1}{m!}$$

ですから, これから考えれば (3) の解答の中の不等式

$$\frac{1}{m^m} < a_m$$

は明らかでしょう.

25.

【解答】

(1) $x=r\cos\theta$, $y=r\sin\theta$ ($r\geqq0$, $-\pi<\theta\leqq\pi$) とすると,
$$a^2r^2=(r^2-r\cos\theta)^2. \qquad \therefore\ r^2-r\cos\theta=\pm ar.$$
よって, C の極方程式は
$$\boldsymbol{r=0} \text{ または } \boldsymbol{r=\cos\theta\pm a} \quad (\boldsymbol{r>0}).$$

(2) C と x 軸および y 軸との交点は,
$$\begin{cases} r=0 \text{ のとき } \boldsymbol{(0,\ 0)}, \\ r>0 \text{ のとき, } y=r\sin\theta=0 \text{ から } \boldsymbol{(1\pm a,\ 0)}, \\ \qquad x=r\cos\theta=0 \text{ から } \boldsymbol{(0,\ \pm a)}. \end{cases}$$

また $r=\cos\theta+a$ のとき, $r>0$ より $-a<\cos\theta\leqq1$. $r=\cos\theta-a$ のとき, $r>0$ より $a<\cos\theta\leqq1$.

$0<\theta<\pi$ において $\cos\theta=a$ になる θ を α とすると, C の概形は次のようになる.

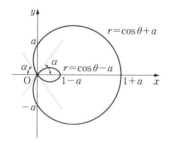

(3) x, y の最大値および最小値は $r=\cos\theta+\dfrac{1}{\sqrt{3}}$ で考えればよい.
$$x=\left(\cos\theta+\frac{1}{\sqrt{3}}\right)\cos\theta=\left(\cos\theta+\frac{1}{2\sqrt{3}}\right)^2-\frac{1}{12}$$
だから,

$$\boldsymbol{x \text{ の最大値}}\text{は } \cos\theta=1 \text{ のとき } 1+\frac{1}{\sqrt{3}},$$

$$\boldsymbol{x \text{ の最小値}}\text{は } \cos\theta=-\frac{1}{2\sqrt{3}} \text{ のとき } -\frac{1}{12}.$$

$y=\left(\cos\theta+\dfrac{1}{\sqrt{3}}\right)\sin\theta$ のとき
$$\frac{dy}{d\theta}=-\sin^2\theta+\left(\cos\theta+\frac{1}{\sqrt{3}}\right)\cos\theta$$
$$=-(1-\cos^2\theta)+\cos^2\theta+\frac{1}{\sqrt{3}}\cos\theta$$

$$=\frac{1}{\sqrt{3}}(2\cos\theta+\sqrt{3})(\sqrt{3}\cos\theta-1).$$

$0<\theta<\pi-\alpha\ \left(\cos\alpha=\dfrac{1}{\sqrt{3}}\right)$ で増減表は,

θ	0	$\cdots$	α	$\cdots$	$\pi-\alpha$
$\dfrac{dy}{d\theta}$		$+$	0	$-$	
y		↗	最大	↘	

これから,

y の最大値は $\theta=\alpha$ のとき $\left(\cos\alpha+\dfrac{1}{\sqrt{3}}\right)\sin\alpha=\dfrac{2\sqrt{2}}{3}.$

また, C は x 軸に関して対称であるから,

y の最小値は $\theta=-\alpha$ のとき $-\dfrac{2\sqrt{2}}{3}.$

（話題と研究）

$a\geqq0,\ b>0$ のとき,

$$a^2(x^2+y^2)=(x^2+y^2-bx)^2 \qquad\cdots①$$

で定義される（4次）曲線は**リマソン**〈Limaçon〉と呼ばれます. 本問と同様に

$$x=r\cos\theta,\ y=r\sin\theta$$

とおくと ① は

$$a^2r^2=(r^2-br\cos\theta)^2.$$
$$\pm ar=r^2-br\cos\theta.$$

$r\neq0$ のときは

$$r=b\cos\theta\pm a \quad(r>0).$$

リマソンの形は a と b との比により異なりますが, $a<b$ のときは内側に
ループをつくります.

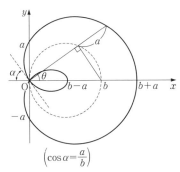

$$\left(\cos\alpha=\frac{a}{b}\right)$$

この曲線は $r<0$ の場合も許して考えれば，

$$r=b\cos\theta+a \quad (0\leqq\theta<2\pi)$$

という式1つで表せます．

リマソンは幾何的な性質をいろいろともちますが，ここでその1つを紹介しておきましょう．

次図のように，平面上に2つの円 C_1，C_2 があり，C_1 の接線 l_1 と C_2 の接線 l_2 が互いに直交するように動くときに，l_1 と l_2 の交点 P の軌跡を考えます．ここでは，C_1，C_2 の半径をそれぞれ r_1，r_2 とします．

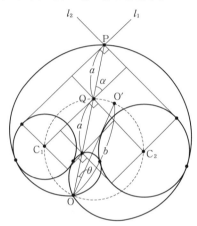

このとき図にできる角 α は一定なので，C_1C_2 を直径とする円上にできる点 O は定点になります．OO′ をこの円の直径として OO′$=b$，∠O′OP$=\theta$ とすると，

$$OP=OQ+QP$$
$$=b\cos\theta+\sqrt{r_1{}^2+r_2{}^2}.$$

OP$=r$，$\sqrt{r_1{}^2+r_2{}^2}=a$ とおくと

$$r=b\cos\theta+a$$

ですから，P の軌跡はリマソンであることがわかります．この曲線は2円の半径の長さおよび中心間距離に伴って形を変えますが，特に円 C_1，C_2 のうちいずれか一方を点にして考えても同じくリマソンになります．しかし両方とも点にすると円になります．

ちなみに，リマソンのこの性質は以前東京大学の後期試験に登場しました．

26.

【解答】

(1)　極限 $\displaystyle\lim_{k \to 0} \dfrac{f(a+k)-f(a)}{k}$ が有限確定値（ある定まった有限な値のこと）

であるとき, $f(x)$ は $x=a$ で微分可能であるといい, この値を $f'(a)$ で表し, $x=a$ における微分係数と呼ぶ.

(2)
$$\lim_{k \to 0} \dfrac{\dfrac{1}{a+k}-\dfrac{1}{a}}{k}=\lim_{k \to 0}\dfrac{-1}{(a+k)a}=-\dfrac{1}{a^2}$$

であるから, $f(x)=\dfrac{1}{x}$ は $x=a\ (a \neq 0)$ で微分可能であり,

$$f'(a)=-\dfrac{1}{a^2}.$$

(3)　$S(t)=\displaystyle\int_0^t f(x)\,dx$ でかつ $f(x)$ は単調増加であるから, $k>0$ のとき,

$$\int_a^{a+k} f(a)\,dx \leqq \int_a^{a+k} f(x)\,dx \leqq \int_a^{a+k} f(a+k)\,dx.$$

$$kf(a) \leqq S(a+k)-S(a) \leqq kf(a+k).$$

$$f(a) \leqq \dfrac{S(a+k)-S(a)}{k} \leqq f(a+k).$$

$f(x)$ は連続だから, はさみうちの原理により,

$$\lim_{k \to 0}\dfrac{S(a+k)-S(a)}{k}=f(a).$$

$k<0$ のときも同様であり, したがって,

$$S'(a)=f(a).$$

（話題と研究）

　微分の定義について少しわかり易く説明しておきます. なめらかな関数であれば, その関数上の1点, たとえば点 $(a,\ b)$ で接線が引けます.

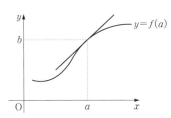

　この接線の傾きは a の関数になりますから, $f'(a)$ とすると, 接線の方程式は,

$$y-b=f'(a)(x-a)$$

ですから, ここで $y-b$ を dy, $x-a$ を dx と置き換えると,

$$dy=f'(a)\,dx \qquad\qquad \cdots\text{①}$$

となります. dx, dy をそれぞれ x の微分, y の微分（正確には点 (a, b) における微分）といい，この等式は曲線 $y=f(x)$ 上ではなく，$x=a$ における接線上で成立する等式になります. $f'(a)$ が微分係数と呼ばれるのは，① の意味からきています. そして，① が意味をもつ（つまり接線が引けて $f'(a)$ が存在する）ことを**微分可能**であるといいます.

また，面積の定義とは何だったのでしょうか（よく考えるとまだキチンとやっていない！）. 私たちは面積をほぼ感覚的に，有限な領域の広さとしてとらえています. しかし，広さも数と同様に絶対的な値ではないはずです. 何か単位があって，それと比較したものになりますが，考えてみたことがありますか. ところで積分には**区分求積法**という面積の求め方があります. これは私たちが考えている面積という量を細かな長方形の面積（長方形の面積なら単位正方形の面積と比較し易い！）の和（**リーマン**〈Riemann〉**和**と呼ばれています）として計算する方法です. 実をいうと，これが逆に面積の定義になるのです. より正確にいうと，定積分がこのようにリーマン和で定義され，それにより面積が数学的に表されるのです.

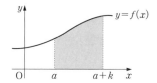

【解答】では，グラフに描かれた図形により囲まれた部分の広さを感覚的に面積ととらえて

$$kf(a) \leq S(a+k) - S(a) \leq kf(a+k)$$

を導くことをあえてしない立場をとりました. 本問は面積と微分との関係，すなわち微積分の基本関係を示すことを要求する問題です. したがって，面積を定積分として表現し，定積分のもつ性質を用いて解答しました.

第 3 章 | 積分法

27.

【解答】

(1)　$f_n(t)=e^t-\dfrac{t^n}{n!}>0$ $(t\geqq 0)$ を $n=1,\ 2,\ \cdots$ に対して示す.

　　(i)　$n=1$ のとき, $f_1(t)=e^t-t$.

　　　　　$f_1{}'(t)=e^t-1\geqq 0,\ f_1(0)>0$ より $f_1(t)>0$.

　　(ii)　$n=k$ のとき, $f_k(t)=e^t-\dfrac{t^k}{k!}>0$ とする.

　　　　　$f_{k+1}(t)=e^t-\dfrac{t^{k+1}}{(k+1)!}$ に対して $f_{k+1}{}'(t)=e^t-\dfrac{t^k}{k!}=f_k(t)>0$ だから,

　　$f_{k+1}(t)$ は単調増加であり, $f_{k+1}(0)=1>0$ であるから, $t\geqq 0$ に対して

　　$f_{k+1}(t)>0$. したがって帰納法により, $e^t>\dfrac{t^n}{n!}$ が示された.

(2)　$J_m=\displaystyle\int_0^t x^m e^{-x}\,dx$ とすると

$$J_m=\Big[x^m(-e^{-x})\Big]_0^t-\int_0^t mx^{m-1}(-e^{-x})\,dx$$
$$=-t^m e^{-t}+mJ_{m-1}. \qquad\qquad \cdots①$$

ここで $J_0=\displaystyle\int_0^t e^{-x}\,dx=\Big[-e^{-x}\Big]_0^t=1-e^{-t}$ より

$$I_0=\lim_{t\to\infty}J_0=1.$$

さらに(1)の結果により,

$$e^t>\frac{t^{m+1}}{(m+1)!}\iff e^{-t}<\frac{(m+1)!}{t^{m+1}}$$

が成立するから,

$$0<t^m e^{-t}<\frac{(m+1)!}{t}\longrightarrow 0\quad(t\to\infty).$$

したがって, $t\to\infty$ のとき $t^m e^{-t}\longrightarrow 0$ に注意すると, ① より帰納的に $I_m=\displaystyle\lim_{t\to\infty}J_m$ は収束して,

$$I_m=mI_{m-1}.$$

これより

$$I_m=mI_{m-1}$$

$$= m(m-1)I_{m-2}$$
$$= \cdots\cdots$$
$$= m!I_0$$
$$= \boldsymbol{m!}.$$

28.

【解答】

$$\int_0^\pi e^x|\sin nx|\,dx$$

$$= \int_0^{n\pi} \frac{e^{\frac{y}{n}}}{n}|\sin y|\,dy \quad (y=nx \text{ で置換})$$

$$= \frac{1}{n}\sum_{k=1}^n \int_{(k-1)\pi}^{k\pi} e^{\frac{y}{n}}|\sin y|\,dy$$

$$= \frac{1}{n}\sum_{k=1}^n \int_0^\pi e^{\frac{z+(k-1)\pi}{n}}\sin z\,dz \quad (z=y-(k-1)\pi \text{ で置換})$$

$$= \frac{1}{n}\int_0^\pi e^{\frac{z}{n}}\sin z\,dz\cdot\sum_{k=1}^n (e^{\frac{\pi}{n}})^{k-1}$$

$$= \frac{1}{n}\left[\frac{n}{n^2+1}e^{\frac{z}{n}}(\sin z-n\cos z)\right]_0^\pi \cdot \frac{1-e^\pi}{1-e^{\frac{\pi}{n}}}$$

$$= \frac{\boldsymbol{n}}{\boldsymbol{n^2+1}}\frac{(1-e^\pi)(1+e^{\frac{\pi}{n}})}{1-e^{\frac{\pi}{n}}}.$$

（話題と研究）

　積分に関しては，計算になれてくると，原始関数のおよその形が思いうかぶようになってきます．あとは逆にその形から微分してみて，もとの被積分関数になるように調整していけばいいのです．

　本問の $\int_0^\pi e^{\frac{z}{n}}\sin z\,dz$ の計算の場合

$$(e^{\frac{z}{n}}\sin z)' = \frac{1}{n}e^{\frac{z}{n}}\sin z + e^{\frac{z}{n}}\cos z$$

$$(e^{\frac{z}{n}}\cos z)' = \frac{1}{n}e^{\frac{z}{n}}\cos z - e^{\frac{z}{n}}\sin z$$

とにより，$e^{\frac{z}{n}}\sin z$ の原始関数 $\dfrac{n}{n^2+1}e^{\frac{z}{n}}(\sin z-n\cos z)$ が見つかるのです．

　もちろん，部分積分を行って計算しようが，要するに好きにしてくださいと

いうことですけど.

　積分計算は，原始関数が求められないときの定積分の計算こそアイデアの見せ所となります.

29.

【解答】

(1)　$f(x)=xe^{-\frac{x^2}{2}}$ のとき,

$$f'(x)=(1-x^2)e^{-\frac{x^2}{2}},\quad f''(x)=x(x^2-3)e^{-\frac{x^2}{2}}$$

であるから, $x\geqq 0$ に対する増減表は

x	0	$\cdots$	1	$\cdots$	$\sqrt{3}$	$\cdots$	(∞)
$f''(x)$	0	$-$	$-$	$-$	0	$+$	
$f'(x)$	$+$	$+$	0	$-$	$-$	$-$	
$f(x)$	0	$\nearrow$	$\dfrac{1}{\sqrt{e}}$	$\searrow$	$\sqrt{\dfrac{3}{e^3}}$	$\searrow$	(0)

また, $f(x)$ は奇関数であるからグラフは次のようになる.

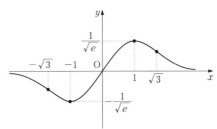

(2)
$$\left(e^{-\frac{x^2}{2}}\right)'=-xe^{-\frac{x^2}{2}}$$

であることに注意すれば,

$$\int xe^{-\frac{x^2}{2}}\,dx=-e^{-\frac{x^2}{2}}+C\quad(C\text{ は積分定数}).$$

(3)　$y=f(x)$ 上の点 $(t,\ f(t))$ における接線は

$$y=(1-t^2)e^{-\frac{t^2}{2}}(x-t)+te^{-\frac{t^2}{2}}.$$

これが $(\alpha,\ 0)$ を通るとき,

$$0=(1-t^2)e^{-\frac{t^2}{2}}(\alpha-t)+te^{-\frac{t^2}{2}}.$$
$$(1-t^2)\alpha+t^3=0. \qquad\qquad\cdots\text{①}$$

ここで $y=f(x)$ の増減表とグラフにより曲線の凹凸まで考慮すると，接線と接点とは1対1に対応するから，① の実数解の数を調べればよい．

$t=0$ は ① を満たさないから $s=\dfrac{1}{t}$ とすると，

$$-s^3+s=\frac{1}{\alpha}.$$

この方程式の異なる実数解の数をグラフより求めると

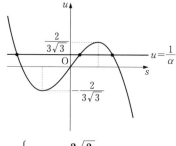

$$\begin{cases} 0<\alpha<\dfrac{3\sqrt{3}}{2} \text{ のとき，} & \text{1本,} \\[2mm] \alpha=\dfrac{3\sqrt{3}}{2} \text{ のとき，} & \text{2本,} \\[2mm] \dfrac{3\sqrt{3}}{2}<\alpha \text{ のとき，} & \text{3本.} \end{cases}$$

（話題と研究）

(3)は接点と接線とが1対1に対応するといい切るところがポイント．これをグラフで判断するために $f(x)$ の2次導関数まで調べました．

30.

【解答】

(1) $\dfrac{1}{x}$ は $x>0$ において単調減少関数であるから，自然数 k に対して，

$$\frac{1}{k+1}<\int_{k}^{k+1}\frac{1}{x}\,dx<\frac{1}{k}.$$

$k=1,\ 2,\ \cdots,\ n$ について和をとって，

$$\sum_{k=1}^{n}\frac{1}{k+1}<\int_{1}^{n+1}\frac{1}{x}\,dx<\sum_{k=1}^{n}\frac{1}{k}.$$

$$\therefore\quad \sum_{k=1}^{n}\frac{1}{k+1}<\log(n+1)<\sum_{k=1}^{n}\frac{1}{k}. \qquad \cdots\text{①}$$

右側の不等式より,

$$\log(n+1) < 1 + \frac{1}{2} + \frac{1}{3} + \cdots + \frac{1}{n} \quad (n = 1,\ 2,\ 3,\ \cdots).$$

(2) ① より, n を $n-1$ に置き換えて,

$$\sum_{k=1}^{n-1} \frac{1}{k+1} < \log n < \sum_{k=1}^{n-1} \frac{1}{k}.$$

したがって, $n \geqq 2$ のとき

$$\sum_{k=1}^{n} \frac{1}{k} - 1 < \log n < \sum_{k=1}^{n} \frac{1}{k} - \frac{1}{n}.$$

$$\therefore \quad \log n + \frac{1}{n} < \sum_{k=1}^{n} \frac{1}{k} < \log n + 1.$$

$$\therefore \quad 1 + \frac{1}{n \log n} < \frac{1}{\log n} \sum_{k=1}^{n} \frac{1}{k} < 1 + \frac{1}{\log n}.$$

ここで $\displaystyle\lim_{n \to \infty} \frac{1}{\log n} = 0$ だから, はさみうちの原理によって,

$$\lim_{n \to \infty} \frac{1}{\log n} \sum_{k=1}^{n} \frac{1}{k} = 1.$$

(3) $\dfrac{1}{x}$ は単調減少だから, 自然数 k に対して,

$$\frac{1}{k+1} \int_{k}^{k+1} |\sin \pi x| \, dx < \int_{k}^{k+1} \left| \frac{\sin \pi x}{x} \right| dx < \frac{1}{k} \int_{k}^{k+1} |\sin \pi x| \, dx.$$

$$\therefore \quad \frac{1}{k+1} \int_{0}^{1} \sin \pi y \, dy < \int_{k}^{k+1} \left| \frac{\sin \pi x}{x} \right| dx < \frac{1}{k} \int_{0}^{1} \sin \pi y \, dy.$$

$$(y = x - k \ \text{で置換})$$

$k = 1,\ 2,\ \cdots,\ n$ に対して和をとって,

$$\sum_{k=1}^{n} \frac{1}{k+1} \int_{0}^{1} \sin \pi y \, dy < \int_{1}^{n+1} \left| \frac{\sin \pi x}{x} \right| dx < \sum_{k=1}^{n} \frac{1}{k} \int_{0}^{1} \sin \pi y \, dy.$$

各辺を $\log n$ で割って,

$$\frac{\sum\limits_{k=1}^{n} \frac{1}{k} - 1 + \frac{1}{n+1}}{\log n} \cdot \int_{0}^{1} \sin \pi y \, dy < \frac{1}{\log n} \int_{1}^{n+1} \left| \frac{\sin \pi x}{x} \right| dx < \frac{\sum\limits_{k=1}^{n} \frac{1}{k}}{\log n} \cdot \int_{0}^{1} \sin \pi y \, dy.$$

(2)の結果とはさみうちの原理から,

$$\lim_{n \to \infty} \frac{1}{\log n} \int_{1}^{n+1} \left| \frac{\sin \pi x}{x} \right| dx = \int_{0}^{1} \sin \pi y \, dy = \frac{2}{\pi}.$$

(話題と研究)

不等式

$$\frac{1}{k+1}<\int_k^{k+1}\frac{1}{x}\,dx<\frac{1}{k} \qquad \cdots ②$$

は右図の網目部分の面積の評価です．また，逆に

$$\int_k^{k+1}\frac{1}{x}\,dx<\frac{1}{k}<\int_{k-1}^k\frac{1}{x}\,dx \qquad \cdots ③$$

と関数値を定積分で評価することもできます．

k に対して和をとれば，② の場合，定積分が関数値の有限和で，また ③ の場合，関数値の有限和が定積分で評価されるので目的に応じて，これらが利用できます．

ところで (3) の初めの不等式

$$\frac{1}{k+1}\int_k^{k+1}|\sin \pi x|\,dx<\int_k^{k+1}\left|\frac{\sin \pi x}{x}\right|\,dx<\frac{1}{k}\int_k^{k+1}|\sin \pi x|\,dx$$

は，$k\leqq x\leqq k+1$ における不等式

$$\left|\frac{\sin \pi x}{k+1}\right|\leqq\left|\frac{\sin \pi x}{x}\right|\leqq\left|\frac{\sin \pi x}{k}\right|$$

から導かれますが，考えとしては ② と似たものどうしです．

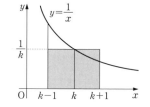

31.

【解答】

(1) $f(t)=2\log t-t$ とすると

$$f'(t)=\frac{2}{t}-1$$

だから，増減表は右のようになる．

t	(0)	$\cdots$	2	$\cdots$
$f'(t)$	/	$+$	0	$-$
$f(t)$	/	↗	最大	↘

増減表より，

$$f(t)\leqq f(2)=2\log 2-2<0.$$

$t=\sqrt{x}$ とおくと，

$$2\log \sqrt{x}-\sqrt{x}<0.$$
$$\therefore \quad \log x<\sqrt{x}.$$

(2) (1) の結果から，$x>1$ において

$$0<\log x<\sqrt{x}.$$

したがって

$$0 < \frac{\log x}{x} < \frac{\sqrt{x}}{x} = \frac{1}{\sqrt{x}} \longrightarrow 0 \quad (x \to \infty)$$

だから，はさみうちの原理により，

$$\lim_{x \to \infty} \frac{\log x}{x} = 0.$$

(3) $k = 2, \ 3, \ 4, \ \cdots$ のとき，$\log x$ の単調増加性（(話題と研究) 参照）により，

$$\int_{k-1}^{k} \log x \, dx < \log k < \int_{k}^{k+1} \log x \, dx. \qquad \cdots ①$$

$k = 2, \ 3, \ \cdots, \ n$ について和をとって，

$$\int_{1}^{n} \log x \, dx < \sum_{k=2}^{n} \log k < \int_{2}^{n+1} \log x \, dx < \int_{1}^{n+1} \log x \, dx.$$

$\log 1 = 0$ に注意して，

$$\int_{1}^{n} \log x \, dx < \log(n!) < \int_{1}^{n+1} \log x \, dx.$$

(4) $\displaystyle\int_{1}^{n} \log x \, dx = n \log n - n + 1$，また ① より，

$$\int_{1}^{n+1} \log x \, dx = \int_{1}^{n} \log x \, dx + \int_{n}^{n+1} \log x \, dx$$
$$< n \log n - n + 1 + \log(n+1).$$

$$\left(\because \ \int_{n}^{n+1} \log x \, dx < \log(n+1) \right)$$

したがって (3) の結果により，

$$n \log n - n + 1 < \log n! < n \log n - n + 1 + \log(n+1).$$

$$\therefore \quad -1 + \frac{1}{n} < \frac{\log n! - n \log n}{n} < -1 + \frac{1}{n} + \frac{\log(n+1)}{n+1} \cdot \frac{n+1}{n}.$$

$n \to \infty$ のときこの不等式の左辺および右辺が -1 に収束するから，はさみうちの原理および (2) により，

$$\lim_{n \to \infty} \frac{1}{n} \log \frac{n!}{n^n} = -1. \qquad \therefore \quad \lim_{n \to \infty} \left(\frac{n!}{n^n} \right)^{\frac{1}{n}} = \frac{1}{e}.$$

(話題と研究)

(3) の不等式は次図で説明できます．

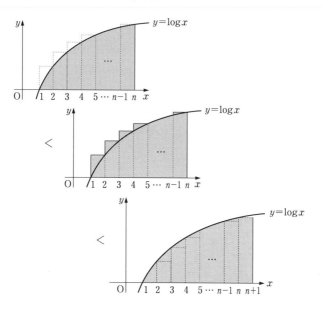

より,

$$\int_1^n \log x \, dx < \log 2 + \log 3 + \cdots + \log n < \int_1^{n+1} \log x \, dx.$$

これと内容的には同じことを前問 30 の 話題と研究 (p.52)でもお話していますね.

32.

【解答】

(1)
$$g(x) = -1 - e^x \int_0^x f(t) \, dt$$

だから,

$$\begin{aligned} g'(x) &= -e^x \int_0^x f(t) \, dt - e^x f(x) \\ &= -e^x \Big\{ \int_0^x f(t) \, dt + f(x) \Big\}. \end{aligned} \quad \cdots ①$$

ここで

$$f(x) = -e^{-x} - \int_0^x f(t) \, dt.$$

$$\therefore \quad \int_0^x f(t) \, dt + f(x) = -e^{-x}.$$

したがって，① より，

$$g'(x) = -e^x(-e^{-x}) = 1.$$

(2)　$g'(x) = 1 > 0$ で $g(0) = -1$ だから $g(x) = x-1$.

　　したがって，

$$f(x) = (x-1)e^{-x}.$$

(3)　$f'(x) = (2-x)e^{-x}$ だから，増減表は右のようになる．

x	$\cdots$	2	$\cdots$
$f'(x)$	$+$	0	$-$
$f(x)$	↗	最大	↘

　　よって，$f(x)$ の最大値は

$$f(2) = \frac{1}{e^2}.$$

（話題と研究）

　一般に，

$$\{e^x F(x)\}' = e^x F(x) + e^x F'(x)$$
$$= e^x \{F(x) + F'(x)\} \qquad \cdots ②$$

が成り立ちますが，これは積分するときのテクニック上注意しておきたい等式です．たとえば，

$$F(x) + F'(x) = x$$

を満たす関数を求める場合，② によると

$$\{e^x F(x)\}' = xe^x$$

ですから

$$e^x F(x) = \int xe^x\, dx$$
$$= (x-1)e^x + C \quad （C は積分定数）.$$

　これから，

$$F(x) = x - 1 + Ce^{-x}$$

でよいことになります．

　本問の場合，

$$\int_0^x f(t)\, dt + f(x) = -e^{-x}.$$

　両辺を x で微分して

$$f(x) + f'(x) = e^{-x}$$

だから，② より

$$\{e^x f(x)\}' = 1.$$

　この考え方がよくわかっていないと，(1)で行った計算の意味が理解できませ

ん．そこで別の例をみておきましょう．すでに何度も出てきている問題 18 の 話題と研究 (p.30) の不等式です．

$x \geqq 0$ に対して，不等式

$$e^x \geqq 1 + \frac{x}{1!} + \frac{x^2}{2!} + \frac{x^3}{3!} + \cdots + \frac{x^n}{n!} \quad (n=1,\ 2,\ 3,\ \cdots)$$

が成り立つ．

（証明）

$f(x) = e^{-x}\left(1 + \frac{x}{1!} + \frac{x^2}{2!} + \frac{x^3}{3!} + \cdots + \frac{x^n}{n!}\right)$ とすると，

$$f'(x) = -e^{-x} \cdot \frac{x^n}{n!} \leqq 0$$

であるから，$f(x)$ は $x \geqq 0$ で単調減少．したがって，

$$f(x) \leqq f(0) = 1.$$

これより，

$$e^x \geqq 1 + \frac{x}{1!} + \frac{x^2}{2!} + \frac{x^3}{3!} + \cdots + \frac{x^n}{n!}.$$

（証明終り）

33.

【解答】

(1)
$$\int \frac{1}{\cos\theta}\,d\theta = \int \frac{\cos\theta}{1-\sin^2\theta}\,d\theta$$
$$= \frac{1}{2}\int\left(\frac{\cos\theta}{1+\sin\theta} + \frac{\cos\theta}{1-\sin\theta}\right)d\theta$$
$$= \frac{1}{2}\{\log(1+\sin\theta) - \log(1-\sin\theta)\} + C \quad (C\ \text{は積分定数})$$
$$= \frac{1}{2}\log\frac{1+\sin\theta}{1-\sin\theta} + C.$$

(2) 求める曲線の長さは
$$\int_0^{\frac{\pi}{3}} \sqrt{\left(\frac{dx}{d\theta}\right)^2 + \left(\frac{dy}{d\theta}\right)^2}\,d\theta = \int_0^{\frac{\pi}{3}} \sqrt{(1+\tan\theta)^2 + (1-\tan\theta)^2}\,d\theta$$
$$= \int_0^{\frac{\pi}{3}} \sqrt{2(1+\tan^2\theta)}\,d\theta$$
$$= \sqrt{2}\int_0^{\frac{\pi}{3}} \frac{1}{\cos\theta}\,d\theta$$

$$=\sqrt{2}\left[\frac{1}{2}\log\frac{1+\sin\theta}{1-\sin\theta}\right]_0^{\frac{\pi}{3}} \quad ((1)\,より\,)$$
$$=\sqrt{2}\,\log(2+\sqrt{3}).$$

34.

【解答】

(1)
$$I_n=\left[x^n(-e^{-x})\right]_0^1-\int_0^1 nx^{n-1}(-e^{-x})\,dx$$
$$=-\frac{1}{e}+nI_{n-1}\quad(n=1,\,2,\,\cdots).$$

(2) (1) より,
$$I_k=-\frac{1}{e}+kI_{k-1}\quad(k=1,\,2,\,\cdots).$$

両辺を $k!$ で割って,
$$\frac{I_k}{k!}=-\frac{1}{e}\cdot\frac{1}{k!}+\frac{I_{k-1}}{(k-1)!}.$$
$$\frac{I_k}{k!}-\frac{I_{k-1}}{(k-1)!}=-\frac{1}{e}\cdot\frac{1}{k!}.$$

$k=1,\,2,\,\cdots,\,n$ について和をとって,
$$\sum_{k=1}^n\left\{\frac{I_k}{k!}-\frac{I_{k-1}}{(k-1)!}\right\}=-\frac{1}{e}\sum_{k=1}^n\frac{1}{k!}.$$
$$\frac{I_n}{n!}-I_0=-\frac{1}{e}\left(\frac{1}{1!}+\frac{1}{2!}+\cdots+\frac{1}{n!}\right).$$
$I_0=\int_0^1 e^{-x}\,dx=\left[-e^{-x}\right]_0^1=1-\frac{1}{e}$ だから,
$$I_n=n!\left\{1-\frac{1}{e}\left(\frac{1}{0!}+\frac{1}{1!}+\frac{1}{2!}+\cdots+\frac{1}{n!}\right)\right\}\quad(n=0,\,1,\,2,\,\cdots).$$

話題と研究

本問の続きにあたる話をしておきましょう.
$$0\le I_n=\int_0^1 x^n e^{-x}\,dx\le\int_0^1 x^n\,dx=\frac{1}{n+1}\longrightarrow 0\quad(n\to\infty)$$
が成り立つことによって, はさみうちの原理から, $\lim_{n\to\infty}I_n=0$ であることがわかります. すると本問の結果から,
$$eI_n=n!\left\{e-\left(\frac{1}{0!}+\frac{1}{1!}+\frac{1}{2!}+\cdots+\frac{1}{n!}\right)\right\}\qquad\cdots①$$

が成立するので，$\lim_{n\to\infty} I_n=0$ から，

$$e=\frac{1}{0!}+\frac{1}{1!}+\frac{1}{2!}+\cdots. \qquad \cdots②$$

①を見ればわかるように，$n!$ の発散速度がとても速いにもかかわらず右辺は 0 に収束していくのですから，②の右辺の収束速度はとても速いことになります．

⇒［さらに知りたい人のために］の 34.（p.137）参照．

35.

【解答】

(1) $n=0,\ 1,\ 2,\ \cdots$ に対し

$$\begin{aligned}
a_{n+1}&=\int_0^1 x^{n+1}e^x\,dx\\
&=\left[x^{n+1}e^x\right]_0^1-(n+1)\int_0^1 x^n e^x\,dx\\
&=e-(n+1)a_n
\end{aligned}$$

より，

$$\boldsymbol{a_{n+1}=e-(n+1)a_n} \quad (n=1,\ 2,\ 3,\ \cdots).$$

(2) $n=1$ のとき，$a_1=e-a_0=e-\int_0^1 e^x\,dx=e-(e-1)=1$ だから成立．

$n=k$ のとき，$a_k=b_k e+c_k$（$b_k,\ c_k$ は整数）とすると，(1) より，

$$\begin{aligned}
a_{k+1}&=e-(k+1)(b_k e+c_k)\\
&=\{1-(k+1)b_k\}e-(k+1)c_k. \qquad \cdots①
\end{aligned}$$

$1-(k+1)b_k,\ k+1$ はともに整数だから，$n=k+1$ のときも成り立つ．したがって題意は示された．

(3) (1) の結果により，

$$0<a_n=\frac{e-a_{n+1}}{n+1}<\frac{e}{n+1} \longrightarrow 0 \quad (n\to\infty)$$

が成立するから，はさみうちの原理により $\lim_{n\to\infty} a_n=0$．

また①より $c_{k+1}=-(k+1)c_k$（$k=1,\ 2,\ \cdots$）．これと $c_1=1$ とにより帰納的に $c_n\neq 0$ であるから，$|c_n|\geqq 1$．

したがって (2) により，

$$\frac{a_n}{c_n}=\frac{b_n}{c_n}e+1.$$

$$\therefore \quad 0 < \left| \frac{b_n}{c_n} e + 1 \right| = \left| \frac{a_n}{c_n} \right| < |a_n|.$$

さらに $\displaystyle\lim_{n\to\infty} a_n = 0$ とにより，はさみうちの原理から

$$\lim_{n\to\infty} \left| \frac{b_n}{c_n} e + 1 \right| = 0.$$

したがって，

$$\lim_{n\to\infty} \frac{b_n}{c_n} = -\frac{1}{e}.$$

〔話題と研究〕

前問 34 と同様に $a_{n+1} = e - (n+1)a_n$ から一般項 a_n を求めてみましょう．

$$\frac{a_{n+1}}{(n+1)!} = \frac{e}{(n+1)!} - \frac{a_n}{n!} \quad (n = 0, 1, 2, \cdots)$$

から，

$$\begin{aligned}
\frac{a_n}{n!} &= \frac{e}{n!} - \frac{a_{n-1}}{(n-1)!} \\
&= \frac{e}{n!} - \frac{e}{(n-1)!} + \frac{a_{n-2}}{(n-2)!} \\
&= \cdots \\
&= \frac{e}{n!} - \frac{e}{(n-1)!} + \frac{e}{(n-2)!} - \cdots + (-1)^{n-1}\frac{e}{1!} + (-1)^n \frac{a_0}{0!} \\
&= \frac{e}{n!} - \frac{e}{(n-1)!} + \frac{e}{(n-2)!} - \cdots + (-1)^{n-1}\frac{e}{1!} + (-1)^n \frac{e-1}{0!}.
\end{aligned}$$

したがって，

$$a_n = n!\left\{ \frac{1}{n!} - \frac{1}{(n-1)!} + \frac{1}{(n-2)!} - \cdots + (-1)^n \frac{1}{0!} \right\} e - (-1)^n n!.$$

これから，

$$b_n = n!\left\{ \frac{1}{n!} - \frac{1}{(n-1)!} + \frac{1}{(n-2)!} - \cdots + (-1)^n \frac{1}{0!} \right\},$$

$$c_n = -(-1)^n n!,$$

$$\frac{b_n}{c_n} = -\left\{ \frac{1}{0!} - \frac{1}{1!} + \frac{1}{2!} - \cdots + (-1)^n \frac{1}{n!} \right\}$$

となります．

　このような手法に限ったことではないのですけれど，典型的と感じた考え方には自らの練習を重ねていくことにより，**自然に**憶えてしまえる状態になるのが理想的だと思います．

36.

【解答】

(1) $n \geqq 2$ のとき,

$$I_n = \int_0^{\frac{\pi}{2}} \sin^{n-1} x \cdot (-\cos x)' \, dx$$

$$= \left[\sin^{n-1} x \cdot (-\cos x) \right]_0^{\frac{\pi}{2}}$$

$$\qquad - \int_0^{\frac{\pi}{2}} (n-1)\sin^{n-2} x \cdot \cos x \cdot (-\cos x) \, dx$$

$$= (n-1) \int_0^{\frac{\pi}{2}} \sin^{n-2} x (1-\sin^2 x) \, dx$$

$$= (n-1)(I_{n-2} - I_n).$$

$$\therefore \quad n I_n = (n-1) I_{n-2}.$$

$$\therefore \quad I_n = \frac{n-1}{n} I_{n-2}. \qquad \cdots \textcircled{1}$$

(2) ① より,

$$I_3 = \frac{2}{3} I_1,$$

$$I_4 = \frac{3}{4} I_2 = \frac{3}{4} \cdot \frac{1}{2} I_0.$$

ここで,

$$I_0 = \int_0^{\frac{\pi}{2}} dx = \left[x \right]_0^{\frac{\pi}{2}} = \frac{\pi}{2},$$

$$I_1 = \int_0^{\frac{\pi}{2}} \sin x \, dx = \left[-\cos x \right]_0^{\frac{\pi}{2}} = 1$$

であるから,

$$\boldsymbol{I_3 = \frac{2}{3}, \quad I_4 = \frac{3}{16}\pi.}$$

（話題と研究）

①により, I_n が一般的に求められます. ただし, n が奇数と偶数とでは結果が少し異なります.

$m = 1, 2, 3, \cdots$ として,

$$I_{2m-1} = \frac{2m-2}{2m-1} \cdot I_{2m-3}$$

$$= \frac{2m-2}{2m-1} \cdot \frac{2m-4}{2m-3} \cdot I_{2m-5}$$

$$= \cdots$$

$$= \frac{2m-2}{2m-1} \cdot \frac{2m-4}{2m-3} \cdot \cdots \cdot \frac{2}{3} \cdot I_1$$

$$= \frac{2m-2}{2m-1} \cdot \frac{2m-4}{2m-3} \cdot \cdots \cdot \frac{2}{3} \cdot \qquad \cdots ②$$

$$I_{2m} = \frac{2m-1}{2m} \cdot I_{2m-2}$$

$$= \frac{2m-1}{2m} \cdot \frac{2m-3}{2m-2} \cdot I_{2m-4}$$

$$= \cdots$$

$$= \frac{2m-1}{2m} \cdot \frac{2m-3}{2m-2} \cdot \cdots \cdot \frac{1}{2} \cdot I_0$$

$$= \frac{2m-1}{2m} \cdot \frac{2m-3}{2m-2} \cdot \cdots \cdot \frac{1}{2} \cdot \frac{\pi}{2} \cdot \qquad \cdots ③$$

②，③ は二項係数を使うともう少しまとめられます．たとえば ② は

$$I_{2m-1} = \frac{(2m)\{(2m-2)(2m-4)\cdots 2\}^2}{(2m)(2m-1)(2m-2)(2m-3)\cdots 3 \cdot 2}$$

$$= \frac{(2m)\{2^{m-1}(m-1)!\}^2}{(2m)!}$$

$$= \frac{1}{2m} \cdot \frac{4^m \cdot m! \cdot m!}{(2m)!}$$

$$= \frac{1}{2m} \cdot \frac{4^m}{{}_{2m}C_m} \cdot$$

同様に，

$$I_{2m} = \frac{{}_{2m}C_m}{4^m} \cdot \frac{\pi}{2}$$

です．せっかくですから，ここまでの式変形も憶えておくとよいでしょう．

　ところで，① は数列 $\{I_n\}$ の漸化式ともとれるので，②，③ は I_n の一般項の表現ということになります．しかし，もともとの積分の形 $I_n = \int_0^{\frac{\pi}{2}} \sin^n x \, dx$ も I_n の表現のうちの1つです．つまり漸化式 ① の一般項は？ と聞かれたら，② または ③ で答えてもよいし，積分の形で答えてもよいのです．すなわち，この漸化式 ① は一般項の表示の仕方として少なくとも2通りの形をもつのです．

　このことが重要な役目になるトピックスとして次の問題 37 があります．

37.

【解答】

(1) $n \geqq 2$ のとき,

$$x_n = \int_0^{\frac{\pi}{2}} \cos^{n-1}\theta \cdot (\sin\theta)'\, d\theta$$

$$= \left[\cos^{n-1}\theta \cdot \sin\theta \right]_0^{\frac{\pi}{2}} - \int_0^{\frac{\pi}{2}} (n-1)\cos^{n-2}\theta \cdot (-\sin\theta) \cdot \sin\theta\, d\theta$$

$$= (n-1)\int_0^{\frac{\pi}{2}} \cos^{n-2}\theta (1-\cos^2\theta)\, d\theta$$

$$= (n-1)(x_{n-2} - x_n).$$

$$\therefore \quad x_n = \frac{n-1}{n} x_{n-2}.$$

$$x_{n-1} \cdot x_n = \frac{n-1}{n} x_{n-2} \cdot x_{n-1}.$$

$$n x_{n-1} \cdot x_n = (n-1) x_{n-2} \cdot x_{n-1}.$$

よって,

$$n x_{n-1} \cdot x_n = 1 \cdot x_0 \cdot x_1 \quad (n \geqq 1).$$

ここで,

$$x_0 = \int_0^{\frac{\pi}{2}} d\theta = \left[\theta \right]_0^{\frac{\pi}{2}} = \frac{\pi}{2},$$

$$x_1 = \int_0^{\frac{\pi}{2}} \cos\theta\, d\theta = \left[\sin\theta \right]_0^{\frac{\pi}{2}} = 1$$

だから,

$$n x_{n-1} \cdot x_n = \frac{\pi}{2}.$$

これより,

$$x_{n-1} \cdot x_n = \frac{\pi}{2n}.$$

(2) $0 \leqq \theta \leqq \frac{\pi}{2}$ において $0 \leqq \cos\theta \leqq 1$ であるから,

$$\cos^{n+1}\theta \leqq \cos^n\theta.$$

等号は $\theta = 0, \frac{\pi}{2}$ のとき以外では成立しないので,

$$x_n = \int_0^{\frac{\pi}{2}} \cos^n\theta\, d\theta > \int_0^{\frac{\pi}{2}} \cos^{n+1}\theta\, d\theta = x_{n+1}.$$

(3) (2)により, $n \geqq 1$ のとき,

$$x_{n+1} < x_n < x_{n-1}.$$

$$x_n \cdot x_{n+1} < x_n{}^2 < x_{n-1} \cdot x_n.$$

(1)により，

$$\frac{\pi}{2(n+1)} < x_n{}^2 < \frac{\pi}{2n}.$$

$$\frac{\pi}{2} \frac{n}{n+1} < n x_n{}^2 < \frac{\pi}{2}.$$

$n \to \infty$ のとき，左辺 $\to \dfrac{\pi}{2}$ であるから，はさみうちの原理により

$$\lim_{n \to \infty} n x_n{}^2 = \frac{\pi}{2}.$$

（話題と研究）

　被積分関数が $\cos^n \theta$ になっていますが，(1)の前半は問題36と同じです．漸化式の形も同じで，$I_0 = x_0$, $I_1 = x_1$ ですから，$m \geqq 1$ のとき，

$$x_{2m-1} = \frac{1}{2m} \cdot \frac{4^m}{{}_{2m}C_m}, \quad x_{2m} = \frac{{}_{2m}C_m}{4^m} \cdot \frac{\pi}{2} \qquad \cdots ①$$

です．さて本問の結果により，

$$n \to \infty \text{ のとき，} \sqrt{n}\, x_n \to \sqrt{\frac{\pi}{2}}$$

であるから，$m \to \infty$ のとき，

$$\sqrt{2m}\, x_{2m} = \sqrt{2m} \cdot \frac{{}_{2m}C_m}{4^m} \cdot \frac{\pi}{2} \to \sqrt{\frac{\pi}{2}}$$

となり，

$$\lim_{m \to \infty} \frac{\sqrt{m}\, {}_{2m}C_m}{4^m} = \sqrt{\frac{1}{\pi}} \qquad \cdots ②$$

が成立することがわかります．この極限公式は，**ウォリス〈Wallis〉の公式**と呼ばれていてよく知られているものなのですが，極限値に π が現れることが特徴的です．${}_{2m}C_m$ は普通**中央二項係数**と呼ばれる数ですが，② は中央二項係数の増加のオーダーが ${}_{2m}C_m \sim \sqrt{\dfrac{1}{\pi} \cdot \dfrac{4^m}{\sqrt{m}}}$ くらいであることを教えてくれます．

　ところで【解答】の(2)で示した x_n の単調減少性は，x_n の ① の表現からは明らかとはいえませんが x_n の積分表示からはただちに得られました．

　(3)では，さらに漸化式自体のもつ性質から $\sqrt{n}\, x_n$ の極限値が求まったのです．そして，以上の結果として公式 ② が得られたのです．1つの極限公式を求める手法として，漸化式の一般項の積分表示がキーポイントになっているとい

えます．このような話はまた後（問題 38, 39）でもします．

38.

【解答】

(1) $0 \leqq x \leqq 1$ において

$$f_n{}'(x) = nx^{n-1}e^{1-x} - x^n e^{1-x}$$
$$= (n-x)x^{n-1}e^{1-x} \geqq 0$$

なので

$$f_n(0) \leqq f_n(x) \leqq f_n(1).$$
$$\therefore \quad 0 \leqq f_n(x) \leqq 1.$$

等号は $x=0$ または $x=1$ のとき以外では成立しないので，

$$\int_0^1 0\,dx < \int_0^1 f_n(x)\,dx < \int_0^1 1\,dx.$$
$$\therefore \quad 0 < a_n < 1.$$

(2) $n \geqq 1$ に対して，

$$a_n = \int_0^1 x^n e^{1-x}\,dx$$
$$= \left[x^n(-e^{1-x}) \right]_0^1 - \int_0^1 nx^{n-1}(-e^{1-x})\,dx$$
$$= -1 + na_{n-1}. \qquad\qquad \cdots ①$$

また

$$a_0 = \int_0^1 e^{1-x}\,dx = \left[-e^{1-x} \right]_0^1 = e-1$$

なので，① より

$$a_1 = -1 + (e-1) = e-2.$$

(3) e が有理数であると仮定すると，ある整数 p, q により，

$$e = \frac{p}{q} \quad (\text{ただし } q \neq 0)$$

と表せる．さて，① より，

$$qa_n = -q + n(qa_{n-1}).$$

$qa_1 = q(e-2) = p - 2q$ は整数なので，この漸化式から qa_n は整数である
ことがわかる．(1) より $a_n \neq 0$ なので

$$qa_n \neq 0.$$

したがって

$$|qa_n| \geqq 1$$

である．ところで，(2) より，

$$a_{n-1} = \frac{a_n + 1}{n}$$

だから，(1) により

$$a_{n-1} < \frac{2}{n}.$$

　したがって，

$$0 < qa_n < \frac{2q}{n+1}$$

だから，$n \to \infty$ のとき，

$$qa_n \to 0.$$

　これは $|qa_n| \geqq 1$ に矛盾する．すなわち，e は無理数であることが示された．

話題と研究

　本問と同じ型の定積分を問題 34 でも扱いました．問題 34 の 話題と研究
(p.57) では自然対数の底 e の性質も導いています．本問ではさらに e の無理数性を示しました．

　有理数はそれ自体離散的な数ではありませんが，整数の分数として表される数であるため整数の離散性をある程度受け継いでいます．私たちはいろいろな問題を通して，無理数である e が整数の性質を保持しないことや，それでもなお

$$e \sim \frac{1}{0!} + \frac{1}{1!} + \cdots + \frac{1}{n!}$$

のような有理数による規則性のある近似が存在することなどを 1 つの定積分を通して知ることができるのです．

39.

【解答】

(1) $\quad I_{n+1} = \dfrac{\pi^{n+2}}{(n+1)!} \displaystyle\int_0^1 t^{n+1}(1-t)^{n+1} \sin \pi t\, dt$

$\qquad = \dfrac{\pi^{n+2}}{(n+1)!} \left\{ \left[t^{n+1}(1-t)^{n+1} \left(-\dfrac{1}{\pi} \cos \pi t \right) \right]_0^1 \right.$

$\qquad\qquad \left. - \displaystyle\int_0^1 (n+1)(1-2t)\, t^n (1-t)^n \left(-\dfrac{1}{\pi} \cos \pi t \right) dt \right\}$

$$= \frac{\pi^{n+1}}{n!} \int_0^1 (1-2t) t^n (1-t)^n \cos \pi t \, dt \qquad \cdots ①$$

$$= \frac{\pi^{n+1}}{n!} \left[\left[(1-2t) t^n (1-t)^n \left(\frac{1}{\pi} \sin \pi t \right) \right]_0^1 \right.$$

$$\left. - \int_0^1 \{ -2t^n(1-t)^n + n(1-2t)^2 t^{n-1}(1-t)^{n-1} \} \left(\frac{1}{\pi} \sin \pi t \right) dt \right]$$

$$= \frac{\pi^n}{n!} \int_0^1 \{ 2t^n(1-t)^n - n(1-2t)^2 t^{n-1}(1-t)^{n-1} \} \sin \pi t \, dt$$

（ここで $(1-2t)^2 = 1-4t+4t^2 = 1-4t(1-t)$ に注意して）

$$= \frac{\pi^n}{n!} \int_0^1 \{ (4n+2) t^n(1-t)^n - n t^{n-1}(1-t)^{n-1} \} \sin \pi t \, dt$$

$$= \frac{4n+2}{\pi} I_n - I_{n-1}.$$

また,

$$I_0 = \pi \int_0^1 \sin \pi t \, dt = \left[-\cos \pi t \right]_0^1 = 2.$$

① より,

$$I_1 = \pi \int_0^1 (1-2t) \cos \pi t \, dt = 2 \int_0^1 \sin \pi t \, dt = \frac{4}{\pi}.$$

(2) $0 \leq t \leq 1$ のとき

$$0 \leq | t^n (1-t)^n \sin \pi t | \leq 1$$

であるから,

$$0 \leq | a^n I_n | \leq \frac{a^n \pi^{n+1}}{n!} \int_0^1 1 \, dx = \pi \cdot \frac{(a\pi)^n}{n!}$$

$n \to \infty$ のとき $\dfrac{(a\pi)^n}{n!} \to 0$ であるから,

$$\lim_{n \to \infty} a^n I_n = 0.$$

(3) π が有理数であるとすると,

$$\pi = \frac{p}{q} \quad (p, \ q \ は \ 0 \ でない正の整数)$$

と表せるので, (1) より,

$$I_{n+1} = \frac{(4n+2)q}{p} I_n - I_{n-1}.$$

$$p^{n+1} I_{n+1} = q(4n+2)(p^n I_n) - p^2(p^{n-1} I_{n-1}).$$

この漸化式と

$$p^0 I_0 = 2, \ p^1 I_1 = 4q$$

とにより, $p^n I_n$ は整数であることがわかり, しかも, $I_n \neq 0$ であるから,

$$p^n I_n \geqq 1$$

である．しかし，(2)により，

$$\lim_{n \to \infty} p^n I_n = 0$$

なのでこれは矛盾する．したがって，π は無理数である．

(話題と研究)

まず(2)で用いた極限公式

$$b > 0 \text{ のとき，} \lim_{n \to \infty} \frac{b^n}{n!} = 0$$

の証明をしておきます．問題 31 の (話題と研究)(p.53)でお話した不等式を用います．

（証明）

$$\begin{aligned}
\log \frac{b^n}{n!} &= n \log b - \sum_{k=1}^{n} \log k \\
&< n \log b - \int_1^n \log x \, dx \\
&= n(\log b + 1 - \log n) - 1 \longrightarrow -\infty \quad (n \to \infty).
\end{aligned}$$

$$\therefore \quad \lim_{n \to \infty} \frac{b^n}{n!} = 0.$$

（証明終り）

　前問に続いて，π が無理数であることの証明問題です．結果もそうですが，証明に用いる方法も数学的に意味深い問題です．

　$\pi = 3.141592\cdots$ であることはよく知られています．すなわち，π は 3, 3.1, 3.14, 3.141, $\cdots$ という有理数の数列の極限なのです．有理数が数論的な数であるとするなら，無理数は解析的ともいえます．

40.

【解答】

　$f_n(x) = a_n x^2 + b_n \ (n = 1, 2, \cdots)$ とおくことができて，

$$\begin{cases}
a_1 = 4, \quad b_1 = 1 \\
a_n = 3 \int_0^1 t f_{n-1}{}'(t) \, dt, \quad b_n = 3 \int_0^1 f_{n-1}(t) \, dt \quad (n = 2, 3, \cdots).
\end{cases}$$

$$a_n = 3 \int_0^1 2 a_{n-1} t^2 \, dt = 2 a_{n-1} \quad (n = 2, 3, \cdots) \qquad \cdots ①$$

より $a_1 = 4$ とから，

$$a_n = 2^{n+1} \quad (n=1, 2, \cdots).$$

また,

$$b_n = 3\int_0^1 (a_{n-1}t^2 + b_{n-1})\,dt$$

$$= a_{n-1} + 3b_{n-1} \quad (n=2, 3, \cdots).$$

① とにより

$$a_n + b_n = 3(a_{n-1} + b_{n-1}) \quad (n=2, 3, \cdots).$$

$a_1 + b_1 = 5$ だから,

$$a_n + b_n = 5 \cdot 3^{n-1},$$
$$b_n = 5 \cdot 3^{n-1} - 2^{n+1} \quad (n=1, 2, \cdots).$$

以上により,

$$f_n(x) = 2^{n+1}x^2 + 5 \cdot 3^{n-1} - 2^{n+1}.$$

41.

【解答】

n は自然数であるとする.

$$\int_0^{\frac{\pi}{2}} \frac{\sin^2 nx}{1+x}\,dx$$

$$= \int_0^{\frac{\pi}{2}} \frac{1 - \cos 2nx}{2(1+x)}\,dx$$

$$= \frac{1}{2}\int_0^{\frac{\pi}{2}} \frac{1}{1+x}\,dx - \frac{1}{2}\int_0^{\frac{\pi}{2}} \frac{\cos 2nx}{1+x}\,dx$$

$$= \frac{1}{2}\Big[\log(1+x)\Big]_0^{\frac{\pi}{2}} - \frac{1}{2}\left\{\left[\frac{\sin 2nx}{2n(1+x)}\right]_0^{\frac{\pi}{2}} + \int_0^{\frac{\pi}{2}} \frac{\sin 2nx}{2n(1+x)^2}\,dx\right\}$$

$$= \frac{1}{2}\log\Big(1+\frac{\pi}{2}\Big) - \frac{1}{4n}\int_0^{\frac{\pi}{2}} \frac{\sin 2nx}{(1+x)^2}\,dx.$$

ここで, $0 < \left|\dfrac{1}{4n}\displaystyle\int_0^{\frac{\pi}{2}} \dfrac{\sin 2nx}{(1+x)^2}\,dx\right| < \dfrac{1}{4n}\displaystyle\int_0^{\frac{\pi}{2}} dx = \dfrac{\pi}{8n}.$

はさみうちの原理により, この不等式の中央の値は $n \to \infty$ で 0 に収束して,

$$\lim_{n\to\infty}\int_0^{\frac{\pi}{2}} \frac{\sin^2 nx}{1+x}\,dx = \frac{1}{2}\log\Big(1+\frac{\pi}{2}\Big).$$

（話題と研究）

$$\lim_{n \to \infty} \int_0^{\frac{\pi}{2}} \frac{\sin^2 nx}{1+x} dx$$

における題意の n は何でしょうか．問題には何も書かれていません．考えられるケースがいろいろありますが，数学における文字記号の役割の常識からいえば自然数または整数でしょう．もしそうでないとすると有理数，実数，複素数，…さらにいえば無理数，行列 $\left(\text{たとえば } \sin \begin{pmatrix} 1 & 0 \\ 0 & 1 \end{pmatrix} \text{って何？} \right)$．いずれにしても，それぞれ（無限の可能性について）答えていくのは無理です．実際

$$\lim_{n \to \infty} \sin n\pi$$

でも，n が整数なら 0 ですが n が実数なら定まりません．本問においては，n は自然数（または整数）と考えて解答するのが自然でしょう．（それともいろいろな場合分けをして 1 つ 1 つ答えていきますか？　それはいや！）
⇒ ［さらに知りたい人のために］の 41.（p.138）参照.

42.

【解答】

　n は自然数であるとする．

$$\int_0^{n\pi} e^{-x} |\sin nx| dx$$

$$= \frac{1}{n} \int_0^{n^2\pi} e^{-\frac{y}{n}} |\sin y| dy \quad (y = nx \text{ として置換積分})$$

$$= \frac{1}{n} \sum_{k=1}^{n^2} \int_{(k-1)\pi}^{k\pi} e^{-\frac{y}{n}} |\sin y| dy$$

$$= \frac{1}{n} \sum_{k=1}^{n^2} (e^{-\frac{\pi}{n}})^{k-1} \int_0^{\pi} e^{-\frac{z}{n}} \sin z \, dz \quad (z = y-(k-1)\pi \text{ として置換積分})$$

$$= \frac{1-e^{-n\pi}}{n(1-e^{-\frac{\pi}{n}})} \int_0^{\pi} e^{-\frac{z}{n}} \sin z \, dz. \qquad \cdots ①$$

ここで，

$$\lim_{n \to \infty} n(1-e^{-\frac{\pi}{n}}) = \lim_{n \to \infty} \frac{\pi}{e^{\frac{\pi}{n}}} \cdot \frac{e^{\frac{\pi}{n}}-1}{\frac{\pi}{n}} = \pi.$$

また，$e^{-\frac{z}{n}}$ は単調減少であるから，

$$e^{-\frac{\pi}{n}} < e^{-\frac{z}{n}} < e^{-\frac{0}{n}} \quad (0 < z < \pi).$$

$$\therefore \quad e^{-\frac{\pi}{n}} \int_0^\pi \sin z\, dz < \int_0^\pi e^{-\frac{z}{n}} \sin z\, dz < \int_0^\pi \sin z\, dz.$$

はさみうちの原理により，

$$\lim_{n \to \infty} \int_0^\pi e^{-\frac{z}{n}} \sin z\, dz = \int_0^\pi \sin z\, dz = 2.$$

したがって ① より，

$$\lim_{n \to \infty} \int_0^{n\pi} e^{-x} |\sin nx|\, dx = \frac{2}{\pi}.$$

(話題と研究)

本問も，前問 41 の (話題と研究)(p.69)で述べたように n を自然数または整数と考えます．

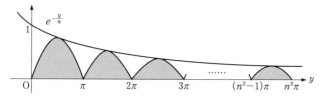

$\displaystyle\int_0^{n^2\pi} e^{-\frac{y}{n}} |\sin y|\, dy$ は，上図の網目部分の面積和を表します．この網目部分 1

つ 1 つの面積が，関数 $e^{-\frac{y}{n}}$ の性質により左から見て公比 $e^{-\frac{\pi}{n}}$ の等比数列になっているのです．【解答】の中では第 4 行目から第 5 行目への変形にこの性質が使われています．

ところで，【解答】における 4 行目の式から，$e^{-\frac{y}{n}}$ の単調減少性を用いて，

$$\frac{1}{n} \sum_{k=1}^{n^2} e^{-\frac{k}{n}\pi} \int_{(k-1)\pi}^{k\pi} |\sin y|\, dy$$

$$\leq \frac{1}{n} \sum_{k=1}^{n^2} \int_{(k-1)\pi}^{k\pi} e^{-\frac{y}{n}} |\sin y|\, dy \leq \frac{1}{n} \sum_{k=1}^{n^2} e^{-\frac{k-1}{n}\pi} \int_{(k-1)\pi}^{k\pi} |\sin y|\, dy.$$

これを整理して，

$$\frac{2}{n} \sum_{k=1}^{n^2} e^{-\frac{k}{n}\pi} \leq \int_0^{n\pi} e^{-x} |\sin nx|\, dx \leq \frac{2}{n} \sum_{k=1}^{n^2} e^{-\frac{k-1}{n}\pi} \qquad \cdots ②$$

が導けます．区分求積法によると，整数 x に対して，

$$\lim_{n \to \infty} \frac{1}{n} \sum_{k=1}^{xn} e^{-\frac{k}{n}\pi} = \int_0^x e^{-t\pi}\, dt = \frac{1}{\pi}(1 - e^{-x\pi})$$

ですから，② において左辺は $x = n$ であるから，$n \to \infty$ のとき $\dfrac{2}{\pi}(1 - 0) = \dfrac{2}{\pi}$

と考えてよいでしょうか．もし，そうなら②の右辺についても同様で，したがって，はさみうちの原理から【解答】と同じ値 $\dfrac{2}{\pi}$ を得ます．しかしですね，実をいうとこれは少しヤバイ！　今回はそれでもいい理由があるのだけど，一般にいま述べた説明では極限のとり方が正しくないところに問題があるのです（ここに関数値の変動の有限性が関わっているのだけども，いつかゆっくり勉強してね）．無限の扱い方にはもう少し繊細にならなくてはいけないのです．

⇒ [さらに知りたい人のために] の 42．(p.139)参照．

43.

【解答】

(1)
$$\frac{b^m-a^m}{b-a}=\sum_{k=0}^{m-1}b^{m-1-k}a^k.$$

$a^{m-1}\leqq b^{m-1-k}a^k\leqq b^{m-1}$ であるから，

$$ma^{m-1}\leqq\frac{b^m-a^m}{b-a}\leqq mb^{m-1}. \qquad\qquad \cdots①$$

(2)
$$\sum_{k=1}^{2n}(-1)^k\Big(\frac{k}{2n}\Big)^{100}=\sum_{l=1}^{n}\frac{(2l)^{100}-(2l-1)^{100}}{(2n)^{100}}.$$

① により，

$$100(2l-1)^{99}\leqq(2l)^{100}-(2l-1)^{100}\leqq100(2l)^{99}.$$

$$\therefore\quad \sum_{l=1}^{n}\frac{100(2l-1)^{99}}{(2n)^{100}}\leqq\sum_{k=1}^{2n}(-1)^k\Big(\frac{k}{2n}\Big)^{100}\leqq\sum_{l=1}^{n}\frac{100(2l)^{99}}{(2n)^{100}}.$$

$$\therefore\quad \frac{50}{n}\sum_{l=1}^{n}\Big(\frac{l-\frac{1}{2}}{n}\Big)^{99}\leqq\sum_{k=1}^{2n}(-1)^k\Big(\frac{k}{2n}\Big)^{100}\leqq\frac{50}{n}\sum_{l=1}^{n}\Big(\frac{l}{n}\Big)^{99}.$$

$n\to\infty$ のとき，左辺，右辺ともに

$$50\int_0^1 x^{99}\,dx=\frac{1}{2}$$

に収束するので，

$$\lim_{n\to\infty}\sum_{k=1}^{2n}(-1)^k\Big(\frac{k}{2n}\Big)^{100}=\frac{1}{2}$$

である．

話題と研究

本問についての背景をお話しましょう.

$$1+2+3+\cdots+n=\frac{1}{2}n(n+1)=\frac{1}{2}n^2+\frac{1}{2}n,$$

$$1^2+2^2+3^2+\cdots+n^2=\frac{1}{6}n(n+1)(2n+1)$$

$$=\frac{1}{3}n^3+\frac{1}{2}n^2+\frac{1}{6}n,$$

$$1^3+2^3+3^3+\cdots+n^3=\left\{\frac{1}{2}n(n+1)\right\}^2$$

$$=\frac{1}{4}n^4+\frac{1}{2}n^3+\frac{1}{4}n^2$$

であることは知っていますよね(右辺の展開まではしたことないかもしれませんが). 一般に, 正の整数 k に対して,

$$\sum_{t=1}^{n}t^k=1^k+2^k+\cdots+n^k$$

は n の $k+1$ 次の多項式 $f_k(n)$ であることが次のようにして, 数学的帰納法によりわかります.

$$(t+1)^{k+1}-t^{k+1}={}_{k+1}\mathrm{C}_k t^k+{}_{k+1}\mathrm{C}_{k-1}t^{k-1}+\cdots+{}_{k+1}\mathrm{C}_1 t+{}_{k+1}\mathrm{C}_0$$

ですから

$$t=1,\ 2,\ \cdots,\ n$$

として和をとれば,

$$(n+1)^{k+1}-1^{k+1}={}_{k+1}\mathrm{C}_k\sum_{t=1}^{n}t^k+{}_{k+1}\mathrm{C}_{k-1}\sum_{t=1}^{n}t^{k-1}$$

$$+\cdots+{}_{k+1}\mathrm{C}_1\sum_{t=1}^{n}t+{}_{k+1}\mathrm{C}_0 n.$$

ここで $\sum_{t=1}^{n}t^k=S_k$ とおくと,

$$(k+1)S_k=(n+1)^{k+1}-1-{}_{k+1}\mathrm{C}_{k-1}S_{k-1}-\cdots-{}_{k+1}\mathrm{C}_1 S_1-n.$$

$$S_k=\frac{1}{k+1}\{(n+1)^{k+1}-1-{}_{k+1}\mathrm{C}_{k-1}S_{k-1}-\cdots-{}_{k+1}\mathrm{C}_1 S_1-n\}. \qquad \cdots②$$

$S_1 \sim S_{k-1}$ がそれぞれ n の $2 \sim k$ 次の多項式であることを仮定すれば S_k は n の $k+1$ 次の多項式 $f_k(n)$ になります. ついでに $f_k(n)$ の最高次 ($k+1$ 次) の係数は $\frac{1}{k+1}$ であることもわかります.

②は帰納的に $f_k(n)$ を計算するのに使えます. たとえば,

$$f_4(n)=\frac{1}{5}\{(n+1)^5-1-{}_5\mathrm{C}_3 f_3(n)-{}_5\mathrm{C}_2 f_2(n)-{}_5\mathrm{C}_1 f_1(n)-n\}$$

ですから，これにより，

$$1^4+2^4+\cdots+n^4=\frac{1}{5}n^5+\frac{1}{2}n^4+\frac{1}{3}n^3-\frac{1}{30}n$$

になります（$f_k{}'(x-1)$ には**ベルヌーイ**〈Bernoulli〉**多項式**という名前がありますが，$f_k(x)$ には名前がないようです）．

ところで $f_1(n)\sim f_4(n)$ を見る限り $f_k(n)$ の n^k の係数はすべて $\frac{1}{2}$ です．これが一般に成立することは ② からすぐにわかります．② の右辺で n^k の係数を取り出してみると，

$$\frac{1}{k+1}\left({}_{k+1}\mathrm{C}_1-{}_{k+1}\mathrm{C}_{k-1}\frac{1}{k}\right)=\frac{1}{2}$$

になるからです．

さて，本問の総和の部分は，

$$\sum_{k=1}^{2n}(-1)^k\left(\frac{k}{2n}\right)^{100}$$

$$=\frac{-1^{100}+2^{100}-3^{100}+4^{100}-\cdots-(2n-1)^{100}+(2n)^{100}}{(2n)^{100}}$$

$$=\frac{2\{2^{100}+4^{100}+6^{100}+\cdots+(2n)^{100}\}-\{1^{100}+2^{100}+3^{100}+\cdots+(2n)^{100}\}}{(2n)^{100}}$$

$$=\frac{2\cdot 2^{100}f_{100}(n)-f_{100}(2n)}{2^{100}n^{100}}$$

$$=\frac{2\cdot 2^{100}\left\{\frac{1}{101}n^{101}+\frac{1}{2}n^{100}+\cdots\right\}-\left\{\frac{1}{101}(2n)^{101}+\frac{1}{2}(2n)^{100}+\cdots\right\}}{2^{100}n^{100}}$$

$$=\frac{2^{99}n^{100}+(n\ \text{の } 99\ \text{次以下の項})}{2^{100}n^{100}}$$

なので，$n\to\infty$ のとき $\frac{1}{2}$ に収束します．むろんこの数は $f_k(n)$ の n^k の項の係数そのものの値です．

44.

【解答】

(1)　$x>0$ のとき

$$\log(1+x)=\int_0^x\frac{1}{1+t}\,dt$$

$$=\int_0^x\left\{\frac{1-(-t)^{2m}}{1+t}+\underbrace{\frac{(-t)^{2m}}{1+t}}_{\text{正}}\right\}dt$$

$$> \int_0^x \{1 - t + t^2 - t^3 + \cdots + (-t)^{2m-1}\}\, dt$$

$$= x - \frac{1}{2}x^2 + \frac{1}{3}x^3 - \frac{1}{4}x^4 + \cdots - \frac{1}{2m}x^{2m}.$$

(2) 　　　　$\log(1+x) = \int_0^x \left\{ \frac{1 - (-t)^{2m+1}}{1+t} + \underbrace{\frac{(-t)^{2m+1}}{1+t}}_{\text{負}} \right\} dt$

$$< \int_0^x \{1 - t + t^2 - t^3 + \cdots + (-t)^{2m}\}\, dt$$

$$= x - \frac{1}{2}x^2 + \frac{1}{3}x^3 - \frac{1}{4}x^4 + \cdots + \frac{1}{2m+1}x^{2m+1}.$$

(3) (1), (2) において, $m=1$ として $x = \dfrac{1}{10}$ とすると,

$$\frac{1}{10} - \frac{1}{2}\left(\frac{1}{10}\right)^2 < \log 1.1 < \frac{1}{10} - \frac{1}{2}\left(\frac{1}{10}\right)^2 + \frac{1}{3}\left(\frac{1}{10}\right)^3.$$

$$0.095 < \log 1.1 < 0.095333\cdots.$$

したがって

$$\log 1.1 \fallingdotseq \mathbf{0.095}.$$

（話題と研究）

はじめてこのタイプの問題を見る人にとっては，【解答】の方法が理解しにくいかもしれませんね．それならば(1)では

$$f(x) = \log(1+x) - \left(x - \frac{1}{2}x^2 + \frac{1}{3}x^3 - \frac{1}{4}x^4 + \cdots - \frac{1}{2m}x^{2m}\right)$$

として，$f(x)$ の増減を調べてみればよいでしょう．すなわち，

$$f'(x) = \frac{1}{1+x} - (1 - x + x^2 - x^3 + \cdots - x^{2m-1})$$

$$= \frac{1}{1+x} - \frac{1 - (-x)^{2m}}{1+x}$$

$$= \frac{(-x)^{2m}}{1+x} > 0 \quad (x > 0)$$

より $f(x)$ は $x > 0$ で単調増加だから，$f(x) > f(0) = 0$．したがって，

$$\log(1+x) > x - \frac{1}{2}x^2 + \frac{1}{3}x^3 - \frac{1}{4}x^4 + \cdots - \frac{1}{2m}x^{2m}.$$

ところで，(1), (2) の考えの中で，$-1 < x \leq 1$ のとき，

$$\log(1+x) = x - \frac{1}{2}x^2 + \frac{1}{3}x^3 - \frac{1}{4}x^4 + \cdots$$

であることがわかります．$x = 1$ なら，

$$\log 2 = 1 - \frac{1}{2} + \frac{1}{3} - \frac{1}{4} + \cdots$$

です．でもこの右辺の収束はそれほど速くありません．これがどの程度である
かは次の問題でお話します．

45.

【解答】

(1)　$y = \dfrac{1}{x}$ $(x>0)$ は減少関数だから，$k \geqq 2$ のとき，

$$\int_k^{k+1} \frac{1}{x}\,dx < \frac{1}{k} < \int_{k-1}^k \frac{1}{x}\,dx.$$

$k = 2,\ 3,\ \cdots,\ n$ に対し和をとると，

$$\int_2^{n+1} \frac{1}{x}\,dx < \frac{1}{2} + \frac{1}{3} + \cdots + \frac{1}{n} < \int_1^n \frac{1}{x}\,dx.$$

$$\log(n+1) - \log 2 < \frac{1}{2} + \frac{1}{3} + \cdots + \frac{1}{n} < \log n.$$

$\log 2 < 1$ だから

$$\log(n+1) < S_n < 1 + \log n.$$

(2)　$$\sum_{k=1}^{n-1} a_k \varDelta b_k$$

$$= a_1(b_2 - b_1) + a_2(b_3 - b_2) + \cdots + a_{n-1}(b_n - b_{n-1})$$

$$= -b_1 a_1 + b_2(a_1 - a_2) + b_3(a_2 - a_3) + \cdots + b_n(a_{n-1} - a_n) + b_n a_n$$

$$= a_n b_n - a_1 b_1 - \sum_{k=1}^{n-1} b_{k+1} \varDelta a_k.$$

また，

$$a_k = S_k,\quad b_k = \frac{1}{2}(k-1)k$$

とすると，

$$\varDelta a_k = \frac{1}{k+1},\quad \varDelta b_k = k$$

だから，

$$\sum_{k=1}^{n-1} k S_k = S_n \cdot \frac{1}{2}(n-1)n - S_1 \cdot 0 - \sum_{k=1}^{n-1} \frac{1}{2} k(k+1) \varDelta S_k$$

$$= S_n \cdot \frac{1}{2}(n-1)n - \sum_{k=1}^{n-1} \frac{1}{2} k$$

$$= \left(S_n - \frac{1}{2}\right) \cdot \frac{1}{2}(n-1)n.$$

よって,

$$p(n)=\frac{1}{2}(n-1)n.$$

(3) (2)より,

$$\frac{2}{n(n-1)}\sum_{k=1}^{n-1}kS_k-\log n=S_n-\frac{1}{2}-\log n.$$

また(1)より,

$$\log(n+1)-\log n<S_n-\log n<1. \qquad \cdots(*)$$

$\log(n+1)-\log n>0$ だから,

$$-\frac{1}{2}<S_n-\frac{1}{2}-\log n<\frac{1}{2}.$$

よって,

$$\left|\frac{2}{n(n-1)}\sum_{k=1}^{n-1}kS_k-\log n\right|<\frac{1}{2}.$$

（話題と研究）

$$\sum_{k=1}^{n-1}a_k\varDelta b_k=a_nb_n-a_1b_1-\sum_{k=1}^{n-1}b_{k+1}\varDelta a_k$$

は**アーベル〈Abel〉の公式**と呼ばれる恒等式です.

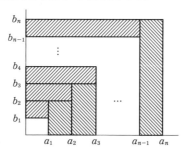

$$\sum_{k=1}^{n-1}(a_k\varDelta b_k+b_{k+1}\varDelta a_k)=a_nb_n-a_1b_1.$$

これは定積分の部分積分の公式

$$\int_a^b\{f(x)g'(x)+f'(x)g(x)\}\,dx=\Big[f(x)g(x)\Big]_a^b$$

に対応します. アーベルの公式の使い方の例を1つ紹介しましょう.

$x_1,\ x_2,\ \cdots,\ x_n$ が

$$x_1<x_2<\cdots<x_n\ \text{かつ}\ x_1+x_2+\cdots+x_n=0$$

を満たし，かつ $y_1,\ y_2,\ \cdots,\ y_n$ が

$$y_1<y_2<\cdots<y_n$$

を満たすとき，不等式

$$x_1y_1+x_2y_2+x_3y_3+\cdots+x_ny_n>0$$

が成り立つことを示せ．

（証明）

$$a_k=y_k\ (k=1,\ 2,\ \cdots,\ n),\ a_{n+1}=0$$
$$b_k=x_1+x_2+\cdots+x_{k-1}\ (k=2,\ 3,\ \cdots,\ n+1),\ b_1=0$$

とすると，$x_1<x_2<\cdots<x_n$ より，平均を考えれば，

$$x_1<\frac{x_1+x_2}{2}<\frac{x_1+x_2+x_3}{3}<\cdots<\frac{x_1+x_2+\cdots+x_n}{n}=0$$

だから，

$$b_k<0\quad(k=2,\ 3,\ \cdots,\ n)$$

であり，また $y_1<y_2<\cdots<y_n$ より，

$$\varDelta a_k>0\quad(k=1,\ 2,\ \cdots,\ n-1).$$

$b_{n+1}=0$ に注意して，アーベルの公式より，

$$\sum_{k=1}^{n}x_ky_k=\sum_{k=1}^{n}a_k\varDelta b_k$$

$$=a_{n+1}b_{n+1}-a_1b_1-\sum_{k=1}^{n}b_{k+1}\varDelta a_k$$

$$=-\sum_{k=1}^{n-1}b_{k+1}\varDelta a_k>0.$$

（証明終り）

さて問題に戻って【解答】の $(*)$ により，

$$0<\left(1+\frac{1}{2}+\frac{1}{3}+\cdots+\frac{1}{n}\right)-\log n<1$$

であることがわかりますが，

$$\gamma_n=1+\frac{1}{2}+\frac{1}{3}+\cdots+\frac{1}{n}-\log n$$

とおくと，γ_n は単調減少であることがすぐわかります．

$$\gamma_{n+1}-\gamma_n=\frac{1}{n+1}-\log(n+1)+\log n$$

$$=\frac{1}{n+1}-\int_n^{n+1}\frac{1}{x}\,dx$$

$$<0.$$

したがって, $n \to \infty$ に対して γ_n はある値に収束します. この値のことを**オイラー** 〈Euler〉**定数** γ (ガンマ) と呼びます. γ は $0.5772\cdots$ くらいの値であることがわかっていますが, これが有理数であるかまたは無理数であるかは知られていないようです.

46.

【解答】

(1)
$$\int_0^1 (1-y^2)^n \, dy$$
$$= \int_0^1 \left\{ \sum_{k=0}^n {}_n\mathrm{C}_k (-y^2)^k \right\} dy$$
$$= \sum_{k=0}^n (-1)^k {}_n\mathrm{C}_k \int_0^1 y^{2k} \, dy$$
$$= \sum_{k=0}^n \frac{(-1)^k}{2k+1} {}_n\mathrm{C}_k = I(n).$$

(2) $y = \sin x$ とおくと, (1) より,
$$I(n) = \int_0^{\frac{\pi}{2}} (1-\sin^2 x)^n \cdot \cos x \, dx$$
$$= \int_0^{\frac{\pi}{2}} \cos^{2n+1} x \, dx.$$

(3)
$$(2n+1)I(n) - (2n)I(n-1)$$
$$= \int_0^{\frac{\pi}{2}} \{(2n+1)\cos^{2n+1} x - (2n)\cos^{2n-1} x\} \, dx$$
$$= \left[\cos^{2n} x \cdot \sin x \right]_0^{\frac{\pi}{2}} = 0$$

より,
$$\frac{I(n)}{I(n-1)} = \frac{2n}{2n+1} = \frac{2}{2 + \dfrac{1}{n}}.$$

したがって,
$$\lim_{n \to \infty} \frac{I(n)}{I(n-1)} = 1.$$

(話題と研究)

$$I(n) = \frac{2n}{2n+1} I(n-1)$$

ですから,

$$I(n) = \frac{2n}{2n+1} \cdot \frac{2(n-1)}{2n-1} \cdots \cdots \frac{2}{3} I(0)$$

$$= \frac{2n}{2n+1} \cdot \frac{2(n-1)}{2n-1} \cdots \cdots \frac{2}{3}$$

$$= \frac{1}{2n+1} \cdot \frac{4^n}{{}_{2n}\mathrm{C}_n}.$$

(問題 36 の 話題と研究 (p.60),[さらに知りたい人のために]の 53. (p.141) 参照)

したがって,恒等式

$$\sum_{k=0}^{n} \frac{(-1)^k}{2k+1} {}_n\mathrm{C}_k = \frac{1}{2n+1} \cdot \frac{4^n}{{}_{2n}\mathrm{C}_n}$$

すなわち,

$$\frac{1}{1} {}_n\mathrm{C}_0 - \frac{1}{3} {}_n\mathrm{C}_1 + \frac{1}{5} {}_n\mathrm{C}_2 - \cdots + (-1)^n \frac{1}{2n+1} {}_n\mathrm{C}_n = \frac{1}{2n+1} \cdot \frac{4^n}{{}_{2n}\mathrm{C}_n}$$

が成立することになります.

二項係数に関してはいろいろな恒等式が発見されていますが,このように定積分を用いて導くこともあります.また $I(n)$ はその逆数が $n \to \infty$ のとき発散しますが,その増加のオーダーが $\sqrt{n}$ くらいであることが問題 37 の 話題と研究 (p.63)に述べてあります.

47.

【解答】

(1)　$y = \dfrac{e^x}{e^x+1} = 1 - \dfrac{1}{e^x+1}$ から $0 < y < 1$.

このとき,$y = \dfrac{e^x}{e^x+1}$ を x について解くと

$$x = \log \frac{y}{1-y}.$$

$$\therefore \quad g(x) = \log \frac{x}{1-x} \quad (0 < x < 1).$$

(2)　$g(f(x)) = x$ が成り立つことに注意して,

$$\int_{f(a)}^{f(b)} g(x)\, dx = \int_{f(a)}^{f(b)} g(y)\, dy$$

$$= \int_a^b g(f(x)) f'(x)\, dx \quad (y = f(x) \text{ と置換})$$

$$= \int_a^b x f'(x)\,dx \quad (g(f(x))=x)$$

$$= \Big[x f(x) \Big]_a^b - \int_a^b f(x)\,dx \quad (\text{部分積分})$$

$$= b f(b) - a f(a) - \int_a^b f(x)\,dx.$$

よって,

$$\int_a^b f(x)\,dx + \int_{f(a)}^{f(b)} g(x)\,dx = b f(b) - a f(a).$$

（話題と研究）

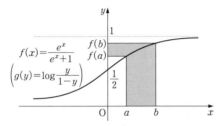

たとえば $0<a<b$ のとき,

$$\int_a^b f(x)\,dx + \int_{f(a)}^{f(b)} g(y)\,dy$$

は上図の網目部分の面積を表し, これを2つの長方形の面積の引き算として計算すると,

$$b f(b) - a f(a)$$

です.【解答】では, $0<a<b$ 以外の場合も考慮してこのアイデアを定式化しました. すなわち,

$$b f(b) - a f(a) = \int_a^b \{x f(x)\}'\,dx$$

$$= \int_a^b \{f(x) + x f'(x)\}\,dx$$

$$= \int_a^b f(x)\,dx + \int_a^b x\,d\{f(x)\}$$

$$= \int_a^b y\,dx + \int_{f(a)}^{f(b)} x\,dy.$$

なお, よくあることですが, 上のような図を描いて考えることにより, 式のもつ性質がわかり易くなることがあります. ただし, 今回の場合にしても, 実際には a または b が0以下の場合も考えに入れなくてはいけないわけですから, $a,\ b$ ともに正のときの図だけを用いて説明しておいてから, $0<a<b$ 以外も同様に…ともっていくのは不完全とする立場をとりました.

48.

【解答】

(1) $0 \leqq t \leqq e-1$ における $y=f(x)=\log(x+1)$ のグラフの接線は

$$y=f'(t)(x-t)+f(t)$$
$$=\frac{1}{t+1}x-\frac{t}{t+1}+\log(t+1).$$

これが $y=ax+b$ に一致するから,

$$a=\frac{1}{t+1}, \quad b=-\frac{t}{t+1}+\log(t+1).$$

$t=\dfrac{1}{a}-1$ だから,

$$\frac{1}{e} \leqq a \leqq 1 \quad \text{かつ} \quad b=a-1-\log a.$$

また, $\dfrac{db}{da}=1-\dfrac{1}{a}$ は $\dfrac{1}{e} \leqq a \leqq 1$ において 0 以下だから, b は a に関する単調減少関数であり, これを図示すると次のようになる.

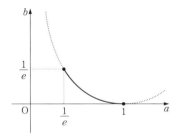

(2)

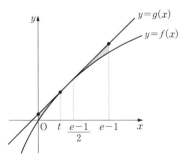

$g(x)=ax+b$ とすると, C および l, $x=0$, $x=e-1$ で囲まれる部分の面積 S は,

$$S=\underbrace{\int_0^{e-1} g(x)\,dx}_{\text{台形の面積}}-\int_0^{e-1}\log(x+1)\,dx$$

$$=(e-1)g\left(\frac{e-1}{2}\right)-\left[(x+1)\log(x+1)-(x+1)\right]_0^{e-1}$$

$$=(e-1)g\left(\frac{e-1}{2}\right)-1.$$

ここで，$g\left(\dfrac{e-1}{2}\right)\geqq f\left(\dfrac{e-1}{2}\right)$ $\left(\text{等号は } t=\dfrac{e-1}{2} \text{ のとき成立する}\right)$ であるから，

$$S\geqq(e-1)f\left(\frac{e-1}{2}\right)-1=(e-1)\log\frac{e+1}{2}-1.$$

よって，S を最小にする $a,\ b$ の値は

$$a=\frac{1}{\dfrac{e-1}{2}+1}=\frac{2}{e+1},\ \ b=\frac{2}{e+1}-1-\log\frac{2}{e+1}.$$

S の最小値は

$$(e-1)\log\frac{e+1}{2}-1.$$

（話題と研究）

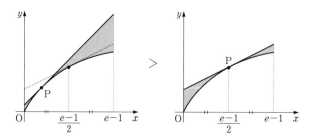

(2)の面積は，視覚によると接点Pの x 座標が $\dfrac{e-1}{2}$ のときに最小であることがわかります．これを【解答】では定式化しました．これは与えられた曲線のグラフが上に凸であるときにできる考え方です．

49.

【解答】

(1) $t=\tan\alpha\ \left(-\dfrac{\pi}{2}<\alpha<\dfrac{\pi}{2}\right)$ とおくと，$x=\tan\theta$ のとき，

$$f(x)=\int_0^\theta\frac{1}{1+\tan^2\alpha}\cdot\frac{1}{\cos^2\alpha}\,d\alpha=\int_0^\theta d\alpha=\theta \qquad\cdots\text{①}$$

であるから，$f(1)=\dfrac{\pi}{4}$. また $f'(x)=\dfrac{1}{1+x^2}$ だから，求める法線は

$$y=-\frac{1}{f'(1)}(x-1)+f(1)$$

$$=-2x+2+\frac{\pi}{4}.$$

(2)　$y=f(x)$ のとき，① より $x=\tan y$ であるから，これと(1)で求めた法線のグラフにより求める図形の面積は，

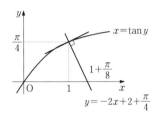

$$\frac{1}{2}\cdot\left\{1+\left(1+\frac{\pi}{8}\right)\right\}\cdot\frac{\pi}{4}-\int_0^{\frac{\pi}{4}}\tan y\,dy$$

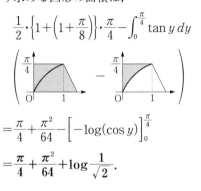

$$=\frac{\pi}{4}+\frac{\pi^2}{64}-\Big[-\log(\cos y)\Big]_0^{\frac{\pi}{4}}$$

$$=\frac{\pi}{4}+\frac{\pi^2}{64}+\log\frac{1}{\sqrt{2}}.$$

（話題と研究）

【解答】で示されたとおり，

$$y=\tan x \quad\left(-\frac{\pi}{2}<x<\frac{\pi}{2}\right)$$

の逆関数は

$$y=\int_0^x\frac{1}{1+t^2}\,dt$$

です．

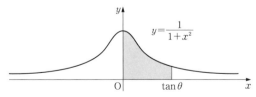

だから，上図の網目部分の面積は θ を表すことになります．

　これは面積による $\tan\theta$ の定義といえないでしょうか．実際積分を主体にして考えると，こうするのが自然になります．

$$A=\tan a,\ B=\tan b \quad\left(-\frac{\pi}{2}<a<\frac{\pi}{2},\ -\frac{\pi}{2}<b<\frac{\pi}{2}\right)$$

とするとき,

$$a+b=\int_0^A \frac{1}{1+t^2}\,dt+\int_0^B \frac{1}{1+t^2}\,dt$$

です. いま, $s=\dfrac{t+A}{1-At}$ とおいて後の項の積分を置換積分で計算すると, 少し難しいですが,

$$\int_0^B \frac{1}{1+t^2}\,dt$$

$$=\int_A^{\frac{B+A}{1-BA}} \frac{1}{1+t^2}\cdot\frac{(1-At)^2}{1+A^2}\,ds$$

$$=\int_A^{\frac{B+A}{1-BA}} \frac{1}{1+s^2}\,ds \quad \left(\text{逆に } \frac{1}{1+s^2} \text{ を計算してみれば上の式になります}\right)$$

$$=\int_A^{\frac{B+A}{1-BA}} \frac{1}{1+t^2}\,dt.$$

したがって,

$$a+b=\int_0^{\frac{B+A}{1-BA}} \frac{1}{1+t^2}\,dt.$$

これは

$$\tan(a+b)=\frac{\tan a+\tan b}{1-\tan a\tan b}$$

を表し, tan の加法定理が証明されたことになります. sin や cos にも, このように面積(定積分)を出発点とする考え方があります.

50.

【解答】

$$\int_0^\pi e^x\sin^2 x\,dx=\int_0^\pi e^x\frac{1-\cos 2x}{2}\,dx$$

$$=\frac{1}{2}\int_0^\pi e^x\,dx-\frac{1}{2}\int_0^\pi e^x\cos 2x\,dx. \qquad \cdots①$$

ここで,

$$\int_0^\pi e^x\cos 2x\,dx=\left[e^x\cos 2x\right]_0^\pi+2\int_0^\pi e^x\sin 2x\,dx$$

$$=(e^\pi-1)+2\left\{\left[e^x\sin 2x\right]_0^\pi-2\int_0^\pi e^x\cos 2x\,dx\right\}$$

$$=(e^\pi-1)-4\int_0^\pi e^x\cos 2x\,dx$$

により,

$$\int_0^\pi e^x \cos 2x \, dx = \frac{1}{5}(e^\pi - 1).$$

したがって ① により,

$$\begin{aligned}
\int_0^\pi e^x \sin^2 x \, dx &= \frac{2}{5}(e^\pi - 1) \\
&= \frac{2}{5}\int_0^\pi e^x \, dx \\
&> \frac{2}{5}\left\{\int_0^3 e^x \, dx + \int_3^{3.14} e^3 \, dx\right\} \\
&= \frac{2}{5}\{(e^3 - 1) + 0.14 \times e^3\} \\
&= \frac{2}{5}(1.14 \times e^3 - 1) \\
&> \frac{2}{5}(1.14 \times 2.7^3 - 1) > 8.5.
\end{aligned}$$

これで,

$$\int_0^\pi e^x \sin^2 x \, dx > 8$$

が示された.

(話題と研究)

後半の $\dfrac{2}{5}(e^\pi - 1) > 8$ を示すところが少し不自然な気がしますか? 説明して
おきましょう.

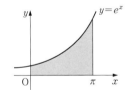 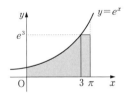

$e^\pi - 1$ は $\displaystyle\int_0^\pi e^x \, dx$ の値ですから, 上左図の網目部分の面積を表すでしょう.
これを上右図の網目部分で少し小さ目に評価したのが解答です. しかし, この
方法に気がつきにくいのならば, e^π の値を次のように評価してもよいのです.
[$e^\pi > 21$ の証明]

平均値の定理により, 正の x に対し, $0 < c < x$ を満たす c が存在して,
$$e^x - e^0 = e^c(x - 0) > 0$$

であるから,

$$e^x > 1+x. \quad (よく出てくる不等式ですね)$$

この不等式を用いて, $e^{0.04} > 1+0.04 = 1.04$ ですから,

$$e^\pi > (e \times e^{0.04})^3 > (2.7 \times 1.04)^3 > (2.8)^3 > 21.$$

（証明終り）

$e^\pi > 21$ がいえれば,

$$\int_0^\pi e^x \sin^2 x\, dx = \frac{2}{5}(e^\pi - 1) > 8$$

です.

51.

【解答】

$$\int_0^\pi (e^{-x} - p\cos x - q\sin x)^2\, dx$$

$$= \int_0^\pi \{(p\cos x + q\sin x)^2 - 2(p\cos x + q\sin x)e^{-x} + e^{-2x}\}\, dx$$

$$= p^2 \int_0^\pi \frac{1+\cos 2x}{2}\, dx + 2pq \int_0^\pi \frac{1}{2}\sin 2x\, dx + q^2 \int_0^\pi \frac{1-\cos 2x}{2}\, dx$$

$$\quad - p\int_0^\pi 2\cos x \cdot e^{-x}\, dx - q\int_0^\pi 2\sin x \cdot e^{-x}\, dx + \int_0^\pi e^{-2x}\, dx$$

$$= p^2 \left[\frac{1}{2}x + \frac{1}{4}\sin 2x\right]_0^\pi + 2pq\left[-\frac{1}{4}\cos 2x\right]_0^\pi + q^2\left[\frac{1}{2}x - \frac{1}{4}\sin 2x\right]_0^\pi$$

$$\quad - p\left[(\sin x - \cos x)e^{-x}\right]_0^\pi - q\left[-(\sin x + \cos x)e^{-x}\right]_0^\pi + \left[-\frac{1}{2}e^{-2x}\right]_0^\pi$$

$$= \frac{\pi}{2}p^2 + \frac{\pi}{2}q^2 - (1+e^{-\pi})p - (1+e^{-\pi})q + \frac{1}{2}(1-e^{-2\pi})$$

$$= \frac{\pi}{2}\left(p - \frac{1+e^{-\pi}}{\pi}\right)^2 + \frac{\pi}{2}\left(q - \frac{1+e^{-\pi}}{\pi}\right)^2 - \frac{(1+e^{-\pi})^2}{\pi} + \frac{1-e^{-2\pi}}{2}.$$

より,

$$p = q = \frac{1+e^{-\pi}}{\pi}$$

のときに最小.

（話題と研究）

　本問は, 大きな背景があって, 詳しく解説し始めるとなかなか終わらなくなります. 三角関数

$$\begin{cases} a(x) = \sqrt{\dfrac{2}{\pi}}\, \sin x \\[2mm] b(x) = \sqrt{\dfrac{2}{\pi}}\, \cos x \end{cases}$$

には際立った性質があります.

$$\begin{cases} \displaystyle\int_0^\pi a(x)\,b(x)\,dx = 0 \\[2mm] \displaystyle\int_0^\pi \{a(x)\}^2\,dx = \int_0^\pi \{b(x)\}^2\,dx = 1 \end{cases} \qquad \cdots (*)$$

です. 一度計算してこれらの式が成立することを確かめてみてください. (*)を満たす関数のグループは(正規)**直交関数系**といわれています. 一般に次の定理が成り立ちます.

[**定理**]

$0 \le x \le \pi$ において連続な関数 $f(x)$ に対して,

$$I = \int_0^\pi \{f(x) - p\,a(x) - q\,b(x)\}^2\,dx$$

の値を最小にする p, q の組は,

$$p = \int_0^\pi f(x)\,a(x)\,dx, \quad q = \int_0^\pi f(x)\,b(x)\,dx$$

である.

(証明)

(*) を使って I を計算すると

$$I = \int_0^\pi [\{f(x)\}^2 - 2f(x)\{p\,a(x) + q\,b(x)\} + \{p\,a(x) + q\,b(x)\}^2]\,dx$$

$$= p^2 + q^2 - 2\int_0^\pi f(x)\,a(x)\,dx \cdot p - 2\int_0^\pi f(x)\,b(x)\,dx \cdot q + \int_0^\pi \{f(x)\}^2\,dx$$

$$= \left\{ p - \int_0^\pi f(x)\,a(x)\,dx \right\}^2 + \left\{ q - \int_0^\pi f(x)\,b(x)\,dx \right\}^2$$

$$\qquad\qquad - \left\{ \int_0^\pi f(x)\,a(x)\,dx \right\}^2 - \left\{ \int_0^\pi f(x)\,b(x)\,dx \right\}^2 + \int_0^\pi \{f(x)\}^2\,dx.$$

したがって, I は

$$p = \int_0^\pi f(x)\,a(x)\,dx, \quad q = \int_0^\pi f(x)\,b(x)\,dx$$

のときに最小になる.

(証明終り)

52.

【解答】

(1) $m=n$ のとき,

$$\int_0^\pi \sin mx \sin nx \, dx = \frac{1}{2}\int_0^\pi (1-\cos 2mx)\,dx$$
$$= \frac{1}{2}\Big[x-\frac{1}{2m}\sin 2mx\Big]_0^\pi$$
$$= \frac{\pi}{2}.$$

$m\neq n$ のとき,

$$\int_0^\pi \sin mx \sin nx \, dx = \frac{1}{2}\int_0^\pi \{\cos(m-n)x-\cos(m+n)x\}\,dx$$
$$= \frac{1}{2}\Big[\frac{1}{m-n}\sin(m-n)x-\frac{1}{m+n}\sin(m+n)x\Big]_0^\pi$$
$$= 0.$$

(2)
$$\int_0^\pi x\sin mx \, dx = \Big[-\frac{1}{m}x\cos mx+\frac{1}{m^2}\sin mx\Big]_0^\pi$$
$$= -\frac{\pi}{m}\cos m\pi = (-1)^{m+1}\frac{\pi}{m}.$$

(3) 題意の体積を V とおくと,

$$V = \pi\int_0^\pi (x-a_1\sin x-a_2\sin 2x-\cdots-a_N\sin Nx)^2\,dx$$
$$= \pi\int_0^\pi \Big\{x^2-2\sum_{m=1}^{N}a_m x\sin mx+\Big(\sum_{m=1}^{N}a_m\sin mx\Big)^2\Big\}dx.$$

ここで(1), (2)の結果を使うと,

$$V = \pi\Big\{\Big[\frac{1}{3}x^3\Big]_0^\pi-2\sum_{m=1}^{N}a_m(-1)^{m+1}\frac{\pi}{m}+\sum_{m=1}^{N}a_m{}^2\frac{\pi}{2}\Big\}$$
$$= \pi\Big[\frac{1}{3}\pi^3+\frac{\pi}{2}\sum_{m=1}^{N}\Big\{\Big(a_m-\frac{2(-1)^{m+1}}{m}\Big)^2-\frac{4}{m^2}\Big\}\Big].$$

したがって

$$a_m = \frac{2(-1)^{m+1}}{m} \quad (m=1, 2, \cdots, N)$$

のとき V は最小.

話題と研究

本問の体積の最小値は, (3)の結果により,

$$\pi\left[\frac{1}{3}\pi^3+\frac{\pi}{2}\sum_{m=1}^{N}\left(-\frac{4}{m^2}\right)\right]=\frac{1}{3}\pi^4-2\pi^2\left(\frac{1}{1^2}+\frac{1}{2^2}+\frac{1}{3^2}+\cdots+\frac{1}{N^2}\right)$$

$$=2\pi^2\left\{\frac{1}{6}\pi^2-\left(\frac{1}{1^2}+\frac{1}{2^2}+\frac{1}{3^2}+\cdots+\frac{1}{N^2}\right)\right\}$$

であることになります.

$\left(\text{これは, }\dfrac{\pi^2}{6}=\dfrac{1}{1^2}+\dfrac{1}{2^2}+\dfrac{1}{3^2}+\cdots \text{ の証明に使えそう！（独り言）}\right)$

$V\geqq0$ は明らかですから, これよりただちに

$$\frac{1}{1^2}+\frac{1}{2^2}+\frac{1}{3^2}+\cdots+\frac{1}{N^2}\leqq\frac{\pi^2}{6}\quad(N=1,\ 2,\ 3,\ \cdots).$$

$$\frac{1}{1^2}+\frac{1}{2^2}+\frac{1}{3^2}+\cdots\leqq\frac{\pi^2}{6}$$

が成り立つことがわかります. 問題3の (話題と研究)(p.6) でもお話したように, この式では実は等号が成立します. $N\to\infty$ のときに(V の最小値)$\to0$ がいえれば, この等号成立を示すことができます. しかし, それを確かめるには前問51の (話題と研究)(p.86)でお話した先の知識（フーリエ〈Fourier〉解析といいます）が必要です. そこで別の方法による証明を [さらに知りたい人のために] の 53.(p.141)で行います.

53.

【解答】

(1) $x=\tan\theta\ \left(0\leqq\theta\leqq\dfrac{\pi}{4}\right)$ とおくと,

$$I_0=\int_0^1\frac{1}{1+x^2}\,dx$$

$$=\int_0^{\frac{\pi}{4}}\frac{1}{1+\tan^2\theta}\cdot\frac{1}{\cos^2\theta}\,d\theta$$

$$=\int_0^{\frac{\pi}{4}}d\theta$$

$$=\frac{\pi}{4}.$$

また,

$$I_{n+1}+I_n=\int_0^1\frac{x^{2n+2}+x^{2n}}{1+x^2}\,dx$$

$$=\int_0^1 x^{2n}\,dx$$

$$= \frac{1}{2n+1}$$

が成立するから,

$$I_{n+1} = \frac{1}{2n+1} - I_n. \qquad \cdots ①$$

(2) ① より

$$I_n = \frac{1}{2n-1} - I_{n-1}$$

$$= \frac{1}{2n-1} - \frac{1}{2n-3} + I_{n-2}$$

$$= \frac{1}{2n-1} - \frac{1}{2n-3} + \frac{1}{2n-5} - \cdots + (-1)^{n-1}\frac{1}{1} + (-1)^n I_0$$

$$= (-1)^n \left\{ \frac{\pi}{4} - \sum_{k=0}^{n-1} \frac{(-1)^k}{2k+1} \right\}.$$

(3) $0 \le x \le 1$ のとき, $\frac{1}{2} \le \frac{1}{1+x^2} \le 1$ が成立するから,

$$\int_0^1 \frac{1}{2} x^{2n}\, dx < \int_0^1 \frac{x^{2n}}{1+x^2}\, dx < \int_0^1 x^{2n}\, dx.$$

$$\frac{1}{2(2n+1)} < I_n < \frac{1}{2n+1}.$$

話題と研究

(3)の結果によると, $\lim_{n \to \infty} I_n = 0$ ですから, (2)により,

$$\frac{\pi}{4} = 1 - \frac{1}{3} + \frac{1}{5} - \frac{1}{7} + \frac{1}{9} - \frac{1}{11} + \cdots \qquad \cdots ②$$

が得られます. ところで

$$I_n = \int_0^1 \frac{x^{2n}}{1+x^2}\, dx$$

$$= \int_0^1 \frac{x^2}{1+x^2} x^{2n-2}\, dx$$

$$\left(\le \int_0^1 \frac{x^2}{x^2+x^2} x^{2n-2}\, dx \right)$$

$$\le \int_0^1 \frac{1}{2} x^{2n-2}\, dx$$

$$= \frac{1}{2(2n-1)}$$

であることより, (3)の結果は,

$$\frac{1}{2(2n+1)} \le I_n \le \frac{1}{2(2n-1)}$$

と改良できます．これより，

$$\lim_{n\to\infty} nI_n = \frac{1}{4}$$

であることがわかりますから，(2)により

$$\lim_{n\to\infty} n\left| \frac{\pi}{4} - \left\{ 1 - \frac{1}{3} + \frac{1}{5} - \frac{1}{7} + \cdots + (-1)^n \frac{1}{2n+1} \right\} \right| = \frac{1}{4}.$$

　すなわち，この等式の左辺の絶対値の中の差は $\dfrac{1}{4n}$ 程度あることになり，②の右辺の収束はあまり速くありません．ですから π の近似値を ② の右辺で計算するのは，それほど効率がよいとはいえないようです．
⇒ ［さらに知りたい人のために］の 53. (p.141)参照.

54.

【解答】

(1) OQ と C_2 との接点でない方の交点を R とすると，題意の半直線から QR へ測った角が θ であり，また，C_1 の半径と C_2 の半径の比が $2:1$ であることを考えると，OR から QP へ測った角は 2θ だから，半直線から QP へ測った角は 3θ.

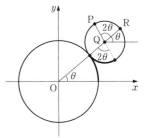

(2)
$$\overrightarrow{OP} = \overrightarrow{OQ} + \overrightarrow{QP} = (3\cos\theta + \cos 3\theta,\ 3\sin\theta + \sin 3\theta)$$
だから
$$(x,\ y) = (3\cos\theta + \cos 3\theta,\ 3\sin\theta + \sin 3\theta).$$

(3) $0 \leqq \theta \leqq \pi$ で考えればよい．

$$\frac{dy}{d\theta} = 3(\cos\theta + \cos 3\theta)$$

$$= 12\cos\theta\left(\cos\theta + \frac{1}{\sqrt{2}}\right)\left(\cos\theta - \frac{1}{\sqrt{2}}\right).$$

θ	0	$\cdots$	$\dfrac{\pi}{4}$	$\cdots$	$\dfrac{\pi}{2}$	$\cdots$	$\dfrac{3\pi}{4}$	$\cdots$	π
$\dfrac{dy}{d\theta}$	+	+	0	−	0	+	0	−	−
y		↗	$2\sqrt{2}$	↘		↗	$2\sqrt{2}$	↘	

より，y の最大値は $2\sqrt{2}$.

(4) 求める曲線の長さは

$$\int_0^{2\pi} \sqrt{\left(\frac{dx}{d\theta}\right)^2+\left(\frac{dy}{d\theta}\right)^2}\, d\theta$$

$$=\int_0^{2\pi} \sqrt{\{3(-\sin\theta-\sin 3\theta)\}^2+\{3(\cos\theta+\cos 3\theta)\}^2}\, d\theta$$

$$=3\int_0^{2\pi} \sqrt{2(\cos\theta\cos 3\theta+\sin\theta\sin 3\theta)+2}\, d\theta$$

$$=3\int_0^{2\pi} \sqrt{2(\cos 2\theta+1)}\, d\theta$$

$$=6\int_0^{2\pi} |\cos\theta|\, d\theta$$

$$=24\int_0^{\frac{\pi}{2}} \cos\theta\, d\theta$$

$$=\mathbf{24}.$$

(話題と研究)

(3)で求めた増減表により，点 P の描く曲線の概形は，

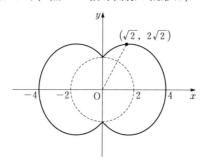

のようになることがわかります．1つの円の外周りに，別の円を転がして，周上の1点によりできるこの軌跡は**外サイクロイド**〈Epicycloid〉と呼ばれていて，類似の曲線が入試でも頻出です．

特に2つの円の半径が一致すると，周上の1点 P の軌跡は，

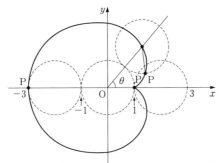

$$P(x,\ y)=P(2\cos\theta-\cos2\theta,\ 2\sin\theta-\sin2\theta)$$

のような**カージオイド**〈Cardioid〉と呼ばれる曲線になります.

　また P を転がす円の周上にとらず, 少し円の外側に移動させた点 (次図では QP＝1＋r. ただし Q は転がす円の中心で, r＞0) で考えると

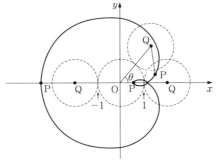

$$P(x,\ y)=P(2\cos\theta-(1+r)\cos2\theta,\ 2\sin\theta-(1+r)\sin2\theta)$$

のように内側にループができることがあります. (r の値による)

$$x=2\cos\theta-(1+r)\cos2\theta$$
$$=2\cos\theta-(1+r)(2\cos^2\theta-1)$$
$$=\{2-2(1+r)\cos\theta\}\cos\theta+(1+r),$$
$$y=2\sin\theta-(1+r)\sin2\theta$$
$$=\{2-2(1+r)\cos\theta\}\sin\theta$$

ですから

$$(X,\ Y)=(x-(1+r),\ y)$$

は極方程式で表すと,

$$R=2-2(1+r)\cos\theta\quad(R=\sqrt{X^2+Y^2})$$

です. これは問題 25 の 話題と研究 (p.43) でもお話ししたリマソンです.

55.

【解答】

(1) $0 \le t \le \pi$ において,

$$\frac{dx}{dt} = t \sin t, \quad \frac{dy}{dt} = t \cos t$$

であるから C の長さは,

$$\int_0^\pi \sqrt{(t \sin t)^2 + (t \cos t)^2}\, dt = \int_0^\pi t\, dt$$

$$= \frac{\pi^2}{2}.$$

(2) $\left(\dfrac{dx}{dt}, \dfrac{dy}{dt} \right) /\!/ (\sin t, \cos t)$ であり, また C 上の点 P は

$$(x, y) = (\sin t, \cos t) + t(-\cos t, \sin t) \qquad \cdots ①$$

であるから, 点 P における法線は

$$(x, y) = (\sin t, \cos t) + k(-\cos t, \sin t)$$

と表される.

　この直線上において原点との距離が最短となる点は, 原点からこの直線に下ろした垂線の足 $(\sin t, \cos t)$ だから, $0 \le t \le \pi$ により**原点中心かつ半径 1 の半円**を描く.

(3)

$$\int_0^\pi t \sin 2t\, dt = \left[-\frac{t}{2} \cos 2t + \frac{1}{4} \sin 2t \right]_0^\pi$$

$$= -\frac{\pi}{2}.$$

(4) ① により C のグラフは次図のようになる.

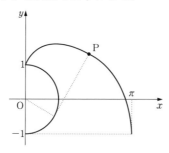

$$S = \int_0^\pi (y+1)\, dx$$

$$= \int_0^\pi (\cos t + t \sin t + 1) t \sin t\, dt$$

$$=\frac{1}{2}\int_0^\pi (t\sin 2t - t^2\cos 2t)\,dt + \int_0^\pi\left(\frac{1}{2}t^2 + t\sin t\right)dt$$

$$=\int_0^\pi t\sin 2t\,dt - \left[\frac{1}{4}t^2\sin 2t\right]_0^\pi + \left[\frac{1}{6}t^3 - t\cos t + \sin t\right]_0^\pi$$

$$=\frac{\pi^3}{6}+\frac{\pi}{2}.$$

(話題と研究)

(4)を少し違った方法で考えてみましょう．原点 O を中心とする極座標を使います．

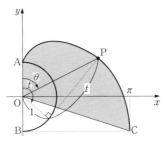

この図で $\theta = t - f(t)$（ただし $f(x)$ は $\tan x$ の逆関数）であることを確認してください．

ここで問題 49 の (話題と研究)(p.83)でお話した $\tan x$ の逆関数

$$f(x)=\int_0^x \frac{1}{1+u^2}\,du$$

を使います．これによると

$$\frac{d\theta}{dt}=\frac{d}{dt}\left(t-\int_0^t\frac{1}{1+u^2}\,du\right)$$

$$=1-\frac{1}{1+t^2}=\frac{t^2}{1+t^2}.$$

したがって，図の網目部分の面積は

$$\int_0^{\pi-f(\pi)}\frac{1}{2}\mathrm{OP}^2\,d\theta=\int_0^\pi\frac{1}{2}\mathrm{OP}^2\frac{d\theta}{dt}\,dt$$

$$=\frac{1}{2}\int_0^\pi (1+t^2)\frac{t^2}{1+t^2}\,dt=\frac{1}{2}\int_0^\pi t^2\,dt=\frac{\pi^3}{6}.$$

これに △OBC の部分の面積 $\dfrac{\pi}{2}$ を加えて，求める面積は $\dfrac{\pi^3}{6}+\dfrac{\pi}{2}$ となります．

56.

【解答】

t 秒後には,

$$\overrightarrow{OQ}=\overrightarrow{OP}+\overrightarrow{PQ}$$
$$=(\cos t,\ \sin t)+(r\cos\omega t,\ r\sin\omega t)$$
$$=(\cos t+r\cos\omega t,\ \sin t+r\sin\omega t)$$

であるから, Q を $(X,\ Y)$ とすると,

$$(\dot{X},\ \dot{Y})=(-\sin t-r\omega\sin\omega t,\ \cos t+r\omega\cos\omega t).\qquad\cdots①$$

$$(\ddot{X},\ \ddot{Y})=(-\cos t-r\omega^2\cos\omega t,\ -\sin t-r\omega^2\sin\omega t).\qquad\cdots②$$

ただし $\dot{X}$, $\ddot{X}$ はそれぞれ, X を t で 1 回微分, 2 回微分して得られる導関数を表す. $\dot{Y}$, $\ddot{Y}$ についても同様.

(1) 加速度ベクトルが $\overrightarrow{0}$ のとき, ② より

$$\cos t=-r\omega^2\cos\omega t,\ \sin t=-r\omega^2\sin\omega t.$$

$$\therefore\quad (-r\omega^2\cos\omega t)^2+(-r\omega^2\sin\omega t)^2=1.$$

$$r^2\omega^4=1.$$

$r=\dfrac{1}{3}$ のとき,

$$\boldsymbol{\omega=\sqrt{3}}.$$

(2) $r=\dfrac{1}{2}$, $\omega=2$ のとき, ① より

$$(\dot{X},\ \dot{Y})=(-\sin t-\sin 2t,\ \cos t+\cos 2t)$$

したがって, 求める Q の道のりは,

$$\int_0^{2\pi}\sqrt{\dot{X}^2+\dot{Y}^2}\,dt$$

$$=\int_0^{2\pi}\sqrt{(-\sin t-\sin 2t)^2+(\cos t+\cos 2t)^2}\,dt$$

$$=\int_0^{2\pi}\sqrt{2+2(\cos 2t\cos t+\sin 2t\sin t)}\,dt$$

$$=\int_0^{2\pi}\sqrt{2+2\cos t}\,dt$$

$$=2\int_0^{2\pi}\left|\cos\frac{t}{2}\right|dt$$

$$=4\int_0^{\pi}\cos\frac{t}{2}\,dt=\boldsymbol{8}.$$

57.

【解答】

(1)　$f(x)$ の $a \leqq x \leqq b$ における最大値および最小値をそれぞれ $f(x_1)=M$, $f(x_2)=m$ とする.

$g(x)=f(x)-\dfrac{1}{b-a}\displaystyle\int_a^b f(t)\,dt$ とすると, $g(x)$ は連続であり,

$$g(x_1)=M-\frac{1}{b-a}\int_a^b f(t)\,dt$$
$$=\frac{1}{b-a}\int_a^b \{M-f(t)\}\,dt \geqq 0,$$
$$g(x_2)=m-\frac{1}{b-a}\int_a^b f(t)\,dt$$
$$=\frac{1}{b-a}\int_a^b \{m-f(t)\}\,dt \leqq 0.$$

したがって, 中間値の定理より, $g(c)=0$, $a \leqq c \leqq b$ となる c が存在する. これで題意は示された.

(2)

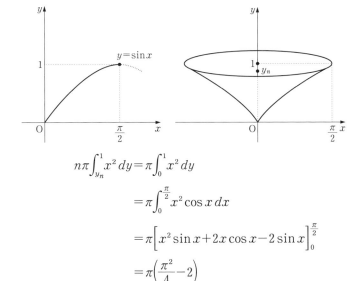

$$n\pi\int_{y_n}^1 x^2\,dy=\pi\int_0^1 x^2\,dy$$
$$=\pi\int_0^{\frac{\pi}{2}} x^2 \cos x\,dx$$
$$=\pi\Big[x^2 \sin x+2x\cos x-2\sin x\Big]_0^{\frac{\pi}{2}}$$
$$=\pi\Big(\frac{\pi^2}{4}-2\Big)$$

より $\displaystyle\lim_{n\to\infty} y_n=1$. ここで $f(x)=\sin x$ $\Big(0 \leqq x \leqq \dfrac{\pi}{2}\Big)$ とすると, (1) の結果により

$$\int_{y_n}^1 x^2\,dy=(1-y_n)c_n{}^2, \quad y_n \leqq f(c_n) \leqq 1$$

となる c_n が存在するから，はさみうちの原理により $\displaystyle\lim_{n\to\infty} f(c_n)=1$.

これより $\displaystyle\lim_{n\to\infty} c_n=\dfrac{\pi}{2}$ である．したがって，

$$\lim_{n\to\infty} n(1-y_n)=\lim_{n\to\infty}\frac{n}{c_n{}^2}\int_{y_n}^1 x^2\,dy$$
$$=\lim_{n\to\infty}\frac{1}{c_n{}^2}\Big(\frac{\pi^2}{4}-2\Big)$$
$$=1-\frac{8}{\pi^2}.$$

(話題と研究)

(1)は**積分の平均値の定理**といわれているものを証明する問です．

平均値の定理は

「$f(x)$ が $a\leqq x\leqq b$ で連続であり $a<x<b$ で微分可能ならば，
$$f(b)-f(a)=f'(c)(b-a),\ \ a<c<b$$
を満たす c が存在する」

です．この定理を使えば(1)は，$a<b$ のとき，$a\leqq x\leqq b$ において

$$F(x)=\int_a^x f(t)\,dt$$

とすると，$F(x)$ は連続で，かつ $F'(x)=f(x)$ であるから，

$$F(b)-F(a)=f(c)(b-a).$$
$$\int_a^b f(t)\,dt=f(c)(b-a)$$

を満たす $a<c<b$ が存在することがいえることになります．でも，あえて
【解答】ではそうしなかったのです．このことについて少し説明します．上の考
え方の途中には $F'(x)=f(x)$，すなわち微分と積分との基本的な関係が使われて
います．ところが，私たちはそのうち，積分の考えを大切に扱うために，微
分とは一度切りはなして定義していこうという立場をとるようになります（問
題26の(話題と研究)(p.45)に出てきた区分求積法，リーマン和の考え方）．そ
うすると微分と積分の関係（つまり積分は微分の逆計算であるということ）は，
積分の出発点ではなくて1つの重要な定理として位置づけられるのです．そし
て積分の平均値の定理は，それ以前に成立する，より基本的な性質と考えられ
るため，微分の平均値の定理とは無関係に証明したのです．つまり，積分の平
均値の定理を，微分と積分との関係より前に位置づけることを主張したかった
のです．もちろん数学の理論にはいろいろな組立て方があり得るので，必ずし
もそうしなくてはならないわけではないのですけどね．

さて(2)においては，$\displaystyle\lim_{n\to\infty} y_n=1$ を確かめたあと，$y=\sin x$ の $0\leqq x\leqq\dfrac{\pi}{2}$ における逆関数 $x=g(y)$ を用いて，不等式

$$\int_{y_n}^1 \{g(y_n)\}^2\,dy\leqq\int_{y_n}^1 x^2\,dy\leqq\int_{y_n}^1 \{g(1)\}^2\,dy$$

を考えれば，

$$\{g(y_n)\}^2(1-y_n)\leqq\frac{1}{n}\Bigl(\frac{\pi^2}{4}-2\Bigr)\leqq\Bigl(\frac{\pi}{2}\Bigr)^2(1-y_n).$$

$$\frac{4}{\pi^2}\Bigl(\frac{\pi^2}{4}-2\Bigr)\leqq n(1-y_n)\leqq\frac{1}{\{g(y_n)\}^2}\Bigl(\frac{\pi^2}{4}-2\Bigr)$$

を導き，$\displaystyle\lim_{n\to\infty} g(y_n)=\dfrac{\pi}{2}$ とはさみうちの原理から，

$$\lim_{n\to\infty} n(1-y_n)=1-\frac{8}{\pi^2}$$

と自然にいけます.

58.

【解答】

(1)　$k=2,\ 3,\ \cdots$ に対して，

$$\int_k^{k+1}\frac{1}{x}\,dx<\frac{1}{k}<\int_{k-1}^k\frac{1}{x}\,dx$$

が成立するから，$n\geqq3$ のとき，

$$\int_2^n\frac{1}{x}\,dx+\frac{1}{n}<\frac{1}{2}+\frac{1}{3}+\cdots+\frac{1}{n}<\int_1^n\frac{1}{x}\,dx.$$

$$\therefore\quad \log n-\log 2+1+\frac{1}{n}<1+\frac{1}{2}+\frac{1}{3}+\cdots+\frac{1}{n}<\log n+1.$$

はさみうちの原理から，

$$\lim_{n\to\infty}\frac{1}{\log n}\Bigl(1+\frac{1}{2}+\frac{1}{3}+\cdots+\frac{1}{n}\Bigr)=1. \qquad\cdots①$$

(2)　$f(x)=x(x-1)(x-2)\cdots(x-n)$ とすると，

$$\begin{aligned}
f'(x)=&(x-1)(x-2)\cdots(x-n)\\
&+x(x-2)\cdots(x-n)\\
&+\cdots\\
&+x(x-1)\cdots(x-n+1).
\end{aligned}$$

$f(0)=f(1)=0$ より，平均値の定理から，$f'(a)=0$, $0<a<1$ となる a

が存在する．また，$f'(0)=(-1)(-2)\cdots(-n)\neq 0$ だから，
$$0<x_n<1.$$
$f'(x_n)=0$ により，
$$\frac{f'(x_n)}{f(x_n)}=0$$
$$\Longleftrightarrow \frac{1}{x_n}+\frac{1}{x_n-1}+\frac{1}{x_n-2}+\cdots+\frac{1}{x_n-n}=0.$$
$$\therefore \quad \frac{1}{x_n}=\frac{1}{1-x_n}+\frac{1}{2-x_n}+\cdots+\frac{1}{n-x_n}.$$

ここで $\dfrac{1}{2}<x_n<1$ とすると，左辺<2，右辺>2 となり矛盾．したがって

$$0<x_n\leqq\frac{1}{2}.$$

(3) $0<x_n\leqq\dfrac{1}{2}$ により，

$$\frac{1}{1}+\frac{1}{2}+\cdots+\frac{1}{n}<\frac{1}{1-x_n}+\frac{1}{2-x_n}+\cdots+\frac{1}{n-x_n}$$
$$<2+\frac{1}{1}+\cdots+\frac{1}{n-1}$$
$$=\left(\frac{1}{1}+\frac{1}{2}+\cdots+\frac{1}{n}\right)+\left(2-\frac{1}{n}\right).$$

これから，

$$\frac{1}{\log n}\left(\frac{1}{1}+\frac{1}{2}+\cdots+\frac{1}{n}\right)<\frac{1}{x_n\log n}$$
$$<\frac{1}{\log n}\left\{\left(1+\frac{1}{2}+\cdots+\frac{1}{n}\right)+\left(2-\frac{1}{n}\right)\right\}.$$

したがって，① およびはさみうちの原理から
$$\lim_{n\to\infty}x_n\log n=1.$$

59.

【解答】

(1) $0<f(x)$ だから，$a_m>0\ (m=1,\ 2,\ \cdots)$ であることは明らか．
　　また $f(x)<1$ であるから，$0<x$ に対し，

$$\int_0^x f(x)\,dx<\int_0^x 1\,dx=x \qquad\qquad \cdots\text{①}$$

より，$a_m < a_{m-1}$ $(m=2,\ 3,\ \cdots)$ が成り立つ.

(2)　$\dfrac{1}{2002} \le x \le 1$ において，

$$F(x) = x - \int_0^x f(t)\,dt$$

とすると $F'(x) = 1 - f(x) \ge 0$ であるから，$F(x)$ は単調増加であり，

$x = \dfrac{1}{2002}$ で最小となる.

　ここで $a_m \ge \dfrac{1}{2002}$ $(m=1,\ 2,\ \cdots)$ を仮定すると，$m \ge 2$ のとき，

$$0 < a_m = \int_0^{a_{m-1}} f(t)\,dt$$

$$\le a_{m-1} - F\!\left(\dfrac{1}{2002}\right)$$

$$\le a_1 - (m-1)F\!\left(\dfrac{1}{2002}\right)$$

ところが $\displaystyle\lim_{m\to\infty}\left\{a_1 - (m-1)F\!\left(\dfrac{1}{2002}\right)\right\} = -\infty$ により，これは矛盾.

したがって，問題の仮定を満たす m が存在する.

（話題と研究）

　(2)の考えはどうして出てきたのか説明しましょう. $x \ge 0$ における連続関数 $y = F(x)$ が $F(0) = 0$ かつ $x > 0$ で $0 < F(x) < x$ であるとします.

　このとき数列 $\{a_n\}$ $(n=1,\ 2,\ \cdots)$ を，
$$a_1 = a > 0,\ a_n = F(a_{n-1})\quad (n=2,\ 3,\ \cdots)$$
で定義すると $\displaystyle\lim_{n\to\infty} a_n$ はどうなりますか.

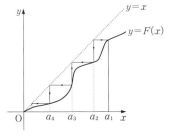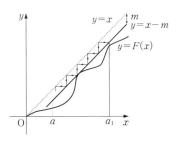

　視覚的には0に収束するはずです. これをどうやって示しますか. 背理法で次のように考えて示すのです. もし $\displaystyle\lim_{n\to\infty} a_n \neq 0$ であるなら，ある $0 < \alpha$ が存在して $\alpha \le a_n$ $(n=1,\ 2,\ \cdots)$ が成立しているはずです. そこで，$\alpha \le x \le a_1$ にお

ける $x-F(x)$ の最小値 m($F(x)<x$ により $m>0$)を考えて，上右図のように a_1 の値を直線 $y=x$ と $y=x-m$ との間で階段状に落としていくのです．この値の落ち方は，もちろん a_1, a_2, a_3, … の落ち方よりは遅いのですが（左図と比べてください），いま，$\alpha\le a_n$（$n=1$, 2, …）を仮定しているため，それでも確実に一定値 m ずつ下がっていきます．すると，いつかは負の値になるはずですが，これが $0<\alpha\le a_n$ に矛盾することになるのです．【解答】はこの考えの定式化です．

本問では，このアイデアによると，

$$\int_0^x f(x)\,dx<x$$

が本質的であり，これを満たしていれば条件 $f(x)<1$ も必要ありません．ただし，次の事実を使う必要が生じます．

「開区間で連続な関数は，その区間内に最大値及び最小値が存在する」…(*1)

このことの証明等を学ぶことは大学受験の数学の範囲外ですが，次の事実も同様です．

「下に有界で単調減少する実数列は収束する」…(*2)

本問の設問(1)では明らかに，この (*2) が意識されます．実際 (*2) によると数列 $\{a_n\}$ はある α に収束することになるため，$\{a_n\}$ の定義より，$\alpha\ne0$ のとき

$$\alpha=\lim_{n\to\infty}a_n=\lim_{n\to\infty}\int_0^{a_{n1}}f(x)\,dx=\int_0^\alpha f(x)\,dx<\alpha$$

となって矛盾します．したがって $\alpha=0$ と分かるのですが，そうすると(2)の主張は自明となります．そして，ここが受験者には重要なことになりますが，大学では採点のとき，この様な答案を認めたとされている様です．（しかも，正解者はすべて，この方法であったという話でした）この様な事の是非はこの本で述べる事ではないのですが，本問が入試問題として出題された事は，何かと問題があるにしても，数学というものを考える際の素材として使える題材ではあると思います．

第 4 章 ｜ 2 次曲線

60.

【解答】

水面は右図のような楕円であり，長軸，短軸の長さをそれぞれ $2x$，$2y$ とすると

$$x = \frac{1}{2}BD$$

$$= \frac{1}{2} \cdot \frac{AB}{\cos(45° - \theta)}$$

$$= \frac{a}{\cos\theta + \sin\theta},$$

$$y = \sqrt{EM \cdot MF}$$

$$= \sqrt{(x\cos\theta - x\sin\theta)(x\cos\theta + x\sin\theta)}$$

$$= x\sqrt{\cos^2\theta - \sin^2\theta}.$$

したがって

$$S(\theta) = \pi xy$$

$$= \pi x^2 \sqrt{\cos^2\theta - \sin^2\theta}$$

$$= \frac{\pi a^2 \sqrt{\cos^2\theta - \sin^2\theta}}{(\cos\theta + \sin\theta)^2}.$$

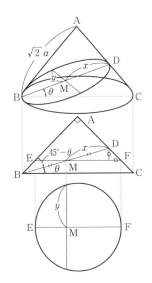

話題と研究

直円錐を，次図のように平面で切ったときの切り口の曲線は楕円であることを示しておきます．

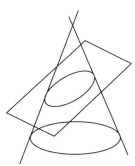

次図のように，直円錐面と切り口の平面に接する2つの球を S，S' として，その接点を F，F' とする．さらに S と直円錐面との接点全体でできる円を C とし，S' と直円錐面との接点全体でできる円を C' とする．

切り口の曲線上の任意の点 P と直円錐の頂点 O とを結ぶ直線を l とし，l と C，C' との交点をそれぞれ Q，Q' とすると

$$PF+PF'=PQ+PQ'=QQ'（一定）$$

となりますから，切り口の曲線は F，F' を2焦点とする楕円であることがわかります．

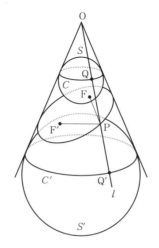

61.

【解答】

(1)　C の対称性を考慮して，P の y 座標が正の場合を考えればよい．

　　　$\angle FPF'=60°$ だから，点 P は F'F を一辺とする正三角形の外接円の周上にある．したがって，この外接円と楕円 C とが共有点をもつための条件を求めればよい．

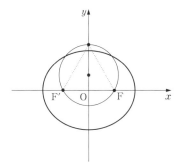

F を $(c,\ 0)$, F′ を $(-c,\ 0)$ とするとき, この外接円の方程式は,

$$x^2+\left(y-\frac{1}{\sqrt{3}}c\right)^2=\frac{4}{3}c^2. \qquad \cdots ①$$

C の方程式と ① から x^2 を消去して,

$$a^2\left(1-\frac{y^2}{b^2}\right)+\left(y-\frac{1}{\sqrt{3}}c\right)^2=\frac{4}{3}c^2.$$

y で整理して

$$3(a^2-b^2)y^2+2\sqrt{3}\,b^2cy-3b^2(a^2-c^2)=0.$$

y について解くと

$$y=\frac{-\sqrt{3}\,b^2c\pm\sqrt{3b^4c^2+9b^2(a^2-b^2)(a^2-c^2)}}{3(a^2-b^2)}.$$

$c^2=a^2-b^2$ および $y>0$ より

$$y=\frac{b^2}{\sqrt{3}\,c}. \qquad \cdots ②$$

このとき,

$$x^2=a^2\left(1-\frac{y^2}{b^2}\right)=\frac{a^2(3a^2-4b^2)}{3c^2}. \qquad \cdots ③$$

これを満たす実数 x が存在するためには $3a^2-4b^2\geqq 0$ であることが必要かつ十分. $a>b>0$ だから, 求める条件は

$$\sqrt{3}\,a\geqq 2b.$$

(2) ②, ③ および P の y 座標が負の場合も考えて, P は,

$$\left(\pm\frac{a}{\sqrt{3}}\sqrt{\frac{3a^2-4b^2}{a^2-b^2}},\ \pm\frac{b^2}{\sqrt{3}\sqrt{a^2-b^2}}\right) \quad (\text{複号任意}).$$

【話題と研究】

円周上の点 $(0,\ \sqrt{3}\,c)$ に注意して,

円 ① が楕円 C と共有点をもつ $\Longleftrightarrow$ 点 $(0,\ \sqrt{3}\,c)$ が C の外部にある

と考えるのはどうでしょうか. $\Leftarrow$ はいいのですが, $\Rightarrow$ に関しては次図のようなケースがないともいえないのでマズイと思います.

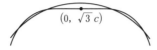

$(0,\ \sqrt{3}\,c)$

曲線どうしの交点を安易に考えることはできません.

62.

【解答】

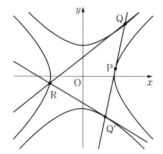

R を $(m,\ n)$, Q を $(s,\ t)$, Q′ を $(s',\ t')$ とする. Q, Q′ における D の接線はそれぞれ

$$sx-ty=-1,\quad s'x-t'y=-1.$$

R はこの2接線の交点だから

$$sm-tn=-1,\quad s'm-t'n=-1$$

が成り立つ. この2式は直線

$$mx-ny=-1$$

が2点 Q, Q′ を通る直線であることを示している.

これが点Pにおける C の接線 $ax-by=1$ に一致するから

$$(m,\ n)=(-a,\ -b).$$

P が C 上の $x>0$ の部分を動くとき

$$a^2-b^2=1,\quad a>0$$

が成り立つから点 R$(m,\ n)$ の軌跡は

$$x^2 - y^2 = 1 \quad (x < 0).$$

（話題と研究）

　こういった2次曲線の性質の多くは，類似のものが楕円，放物線，双曲線に共通して成立します．たとえば，

$$C : x^2 + y^2 = 1 \quad \text{(円)},$$
$$D : x^2 - y^2 = 1 \quad \text{(双曲線)}$$

に対しても，本問と同様の性質が成り立ちます．【解答】とまったく同じ方法で確認できますから練習問題としてやってみてください．

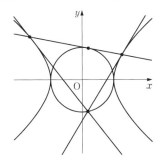

63.

【解答】

(1)　$P = (r, s)$，$Q = (t, u)$ が C 上の点のとき，$r^2 - s^2 = 1$，$t^2 - u^2 = 1$ が成り立つ．このとき，

$$(rt + su)^2 - (ru + st)^2 = r^2(t^2 - u^2) - s^2(t^2 - u^2)$$
$$= (r^2 - s^2)(t^2 - u^2) = 1 \cdot 1 = 1$$

であるから，$P*Q = (rt + su, ru + st)$ も C 上の点である．

(2)　$P = (r, s)$，$E = (x, y)$ とおくと，$P*E = (rx + sy, ry + sx)$ だから，$P*E = P$ のとき，

$$\begin{cases} rx + sy = r, \\ ry + sx = s. \end{cases} \iff \begin{cases} r(x-1) + sy = 0, \\ ry + s(x-1) = 0. \end{cases}$$

　これがどの $P = (r, s)$ に対しても成り立つための条件は，

$$x - 1 = 0, \quad y = 0.$$
$$\therefore \quad \mathbf{E = (1, \ 0)}.$$

(3)　$P = (r, s)$ に対し，$X = (x, y)$ とおくと，$P*X = (rx + sy, ry + sx)$，

E＝(1, 0) であるから P*X＝E のとき,

$$\begin{cases} rx+sy=1, & \cdots① \\ ry+sx=0. & \cdots② \end{cases}$$

①×r－②×s から, $(r^2-s^2)x=r.$ $r^2-s^2=1$ だから $x=r.$

①×s－②×r から, $(s^2-r^2)y=s.$ ∴ $y=-s.$

$$∴ \quad \mathbf{X}=(r, \ -s).$$

(4)

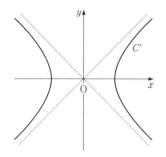

C' は $C：x^2-y^2=1$ 上で $x+y>0$ を満たす部分である. したがって, P＝(r, s), Q＝(t, u) が C' 上の点のとき,

$$r+s>0,$$
$$t+u>0$$

が成り立つ. このとき,

$$(rt+su)+(ru+st)=(r+s)(t+u)>0$$

であるから, これと(1)の結果とから, P*Q も C' 上の点である.

<u>（話題と研究）</u>

任意の実数 r, s, t, u に対して, 恒等式,

$$(r^2-s^2)(t^2-u^2)=(rt+su)^2-(ru+st)^2 \qquad \cdots③$$

が成立します. この式は次のような意味があります. 一般に, 双曲線

$$x^2-y^2=1$$

上に x 座標, y 座標ともに有理数となる点（有理点と呼びます）はどれほど存在するでしょうか. 双曲線は x, y についての2次式ですから, x または y の一方が有理数だからといって, 他方も有理数とは限りません. 有理点を見つけるために, $x^2-y^2=(x+y)(x-y)$ と因数分解して考える方法がありますが, 同じ双曲線でも $x^2-2y^2=1$ のときは左辺を有理数係数の1次式に分解できません. そこで他の方法として, 恒等式③によると, 2つの有理点 (r, s), (t, u) からやはり有理点である $(rt+su, ru+st)$ が見つかるのです（もち

ろん，これが，$(r,\ s)$，$(t,\ u)$ のいずれにも一致しないときの話ですが）．

　ところで x 座標，y 座標ともに整数である点，すなわち格子点についてはどうでしょうか．双曲線 $x^2-y^2=1$ の場合

$$(x-y)(x+y)=1$$

より，x，y がともに整数なら，$x-y$，$x+y$ もまた整数ですから，$x-y=\pm1$，$x+y=\pm1$（複号同順）であり，これより $(x,\ y)=(\pm1,\ 0)$ 以外に存在しませんが，双曲線 $x^2-2y^2=1$ 上なら実は無限に多く存在するのです．このことも，次の恒等式

$$(r^2-2s^2)(t^2-2u^2)=(rt+2su)^2-2(ru+st)^2$$

がキーになります．

64.

【解答】

(1)　A を通る直線のうち x 軸である $y=0$ は C と明らかに 2 点で交わる．それ以外の A を通る直線を $x=my+2$ …① とおくと，$x^2-y^2=1$ との交点は，① を代入して

$$(my+2)^2-y^2=1.$$
$$(m^2-1)y^2+4my+3=0. \qquad\qquad\text{…②}$$

　$m^2-1\neq0$ とすると，② の判別式（4 で割ったもの）は

$$(2m)^2-3(m^2-1)=m^2+3>0$$

だから，② は異なる 2 実数解をもつので 2 交点をもつことになり不適．

　$m=1$ のときは，② から，$x=\dfrac{5}{4}$，$y=-\dfrac{3}{4}$ となるから交点はただ 1 つ．

　$m=-1$ のときは，② から，$x=\dfrac{5}{4}$，$y=\dfrac{3}{4}$ となるからこのときも交点はただ 1 つ．

　よって，求める直線は

$$\boldsymbol{x=\pm y+2.}$$

(2)　$m^2\neq1$ として，② の 2 実数解を α，β とおくと，解と係数の関係によって $\alpha+\beta=-\dfrac{4m}{m^2-1}$ だから，2 交点の中点を $(x,\ y)$ とすると

$$\begin{cases} x=my+2, & \text{…③} \\ y=\dfrac{\alpha+\beta}{2}=-\dfrac{2m}{m^2-1}. & \text{…④} \end{cases}$$

$y=0$ のとき ② から $3=0$ となり不適. したがって $y\neq 0$ だから, ③ から $m=\dfrac{x-2}{y}$. これを ④ に代入すると

$$y=-\dfrac{2\cdot\dfrac{x-2}{y}}{\left(\dfrac{x-2}{y}\right)^2-1}=-\dfrac{2(x-2)y}{(x-2)^2-y^2}.$$

整理すると

$$(x-2)^2-y^2=-2(x-2).$$
$$\therefore\quad (x-1)^2-y^2=1.$$

直線 l が x 軸のときの 2 交点の中点 $(0,\ 0)$ もこの式を満たすから, これで題意の正しいことが示された.

65.

【解答】

(1)
$$2x^2-2xy+y^2-4x+3=0. \quad\cdots①$$
$$\frac{y}{x}=k \quad\cdots②$$

とおくと, k のとり得る値の範囲は ①, ② を満たす実数 x, y が存在するための条件として求められる.

② から $y=kx$. ① に代入して
$$2x^2-2x(kx)+(kx)^2-4x+3=0.$$
$$\therefore\quad (k^2-2k+2)x^2-4x+3=0. \quad\cdots③$$

これを満たす実数 x が存在するための条件は, (判別式)$\geqq 0$.
$$\therefore\quad 4-3(k^2-2k+2)\geqq 0 \iff 3k^2-6k+2\leqq 0.$$
$$\therefore\quad \frac{3-\sqrt{3}}{3}\leqq k\leqq \frac{3+\sqrt{3}}{3}.$$

$k=\dfrac{3\pm\sqrt{3}}{3}$ となるのは, $4-3(k^2-2k+2)=0$ すなわち $k^2-2k+2=\dfrac{4}{3}$ のときだから, ③ から

$$\frac{4}{3}x^2-4x+3=0 \iff 4x^2-12x+9=0 \iff (2x-3)^2=0 \iff x=\frac{3}{2}.$$

$k=\dfrac{3+\sqrt{3}}{3}$ のとき $y=\dfrac{3+\sqrt{3}}{2}$, $k=\dfrac{3-\sqrt{3}}{3}$ のとき $y=\dfrac{3-\sqrt{3}}{2}$.

以上から $\dfrac{y}{x}$ は

$$(x,\ y)=\left(\frac{3}{2},\ \frac{3+\sqrt{3}}{2}\right)\ \text{のとき, 最大値}\ \frac{3+\sqrt{3}}{3},$$

$$(x,\ y)=\left(\frac{3}{2},\ \frac{3-\sqrt{3}}{2}\right)\ \text{のとき, 最小値}\ \frac{3-\sqrt{3}}{3}$$

をとる.

(2) C を x 軸の正方向に -2, y 軸の正方向に -2 だけ平行移動すると

$$2(x+2)^2-2(x+2)(y+2)+(y+2)^2-4(x+2)+3=0$$

$$\Longleftrightarrow 2(x^2+4x+4)-2(xy+2x+2y+4)+(y^2+4y+4)-4(x+2)+3=0$$

$$\Longleftrightarrow 2x^2-2xy+y^2-1=0.$$

$$\therefore\quad y^2-2xy+2x^2-1=0.$$

y について解くと

$$y=x\pm\sqrt{x^2-(2x^2-1)}=x\pm\sqrt{1-x^2}.$$

$y=x+\sqrt{1-x^2}$ のとき,

$$\frac{dy}{dx}=1+\frac{-2x}{2\sqrt{1-x^2}}=\frac{\sqrt{1-x^2}-x}{\sqrt{1-x^2}}.$$

x	-1	$\cdots$	$\dfrac{1}{\sqrt{2}}$	$\cdots$	1
y'		$+$	0	$-$	
y	-1	$\nearrow$	$\sqrt{2}$	$\searrow$	1

$y=x+\sqrt{1-x^2}$, $y=x-\sqrt{1-x^2}$ の2つのグラフは互いに原点に関して対称だから C のグラフは次のようになる.

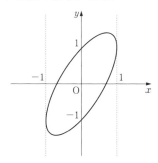

求める面積 S は

$$S=\int_{-1}^{1}\{(x+\sqrt{1-x^2})-(x-\sqrt{1-x^2})\}\,dx=2\int_{-1}^{1}\sqrt{1-x^2}\,dx$$

$$=\pi.$$

(2)は最初のところを次のようにして考えてもよいでしょう.

① より,

$$(y-x)^2+x^2-4x+3=0,$$
$$(y-x)^2=1-(x-2)^2,$$
$$y-x=\pm\sqrt{1-(x-2)^2},$$
$$y-2=(x-2)\pm\sqrt{1-(x-2)^2}.$$

これを, x 軸の正方向に -2, y 軸の正方向に -2 だけ平行移動すると,

$$y=x\pm\sqrt{1-x^2}.$$

（以下【解答】と同じ）

66.

【解答】

(1)

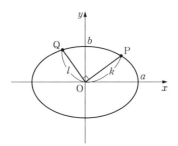

P$(k\cos\theta,\ k\sin\theta)$, Q$(-l\sin\theta,\ l\cos\theta)$ とすると, P, Q は楕円上の点だから

$$k^2\left(\frac{\cos^2\theta}{a^2}+\frac{\sin^2\theta}{b^2}\right)=1,\quad l^2\left(\frac{\sin^2\theta}{a^2}+\frac{\cos^2\theta}{b^2}\right)=1.$$

$$\therefore\quad \frac{1}{\mathrm{OP}^2}+\frac{1}{\mathrm{OQ}^2}=\frac{1}{k^2}+\frac{1}{l^2}$$

$$=\left(\frac{\cos^2\theta}{a^2}+\frac{\sin^2\theta}{b^2}\right)+\left(\frac{\sin^2\theta}{a^2}+\frac{\cos^2\theta}{b^2}\right)$$

$$=\frac{1}{a^2}+\frac{1}{b^2}.$$

したがって, $\dfrac{1}{\mathrm{OP}^2}+\dfrac{1}{\mathrm{OQ}^2}$ は一定である.

(2) (相加平均)$\geqq$(相乗平均) の関係から,

$$\frac{1}{\text{OP}\cdot\text{OQ}}\leqq\frac{1}{2}\Big(\frac{1}{\text{OP}^2}+\frac{1}{\text{OQ}^2}\Big)=\frac{1}{2}\Big(\frac{1}{a^2}+\frac{1}{b^2}\Big)$$

が成立し，等号は OP＝OQ（たとえば $\theta=45°$）のときに成り立つから，OP・OQ の最小値は

$$\frac{2a^2b^2}{a^2+b^2}.$$

67.

【解答】

(1)　題意の楕円を C とする．C 上の点 P$(s,\ t)$ における C の接線を l，原点から l に下ろした垂線の足を H とする．

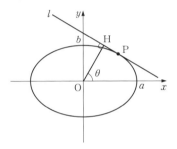

OH の長さを d，OH と x 軸の正方向がなす角を θ とすると，H の座標は

$$\text{H}(d\cos\theta,\ d\sin\theta)$$

となる．

　l の方程式は

$$\cos\theta(x-d\cos\theta)+\sin\theta(y-d\sin\theta)=0$$

$$\Longleftrightarrow\ \frac{\cos\theta}{d}x+\frac{\sin\theta}{d}y=1.$$

　これが P における接線

$$\frac{sx}{a^2}+\frac{ty}{b^2}=1$$

に一致するから，

$$s=\frac{a^2\cos\theta}{d},\ \ t=\frac{b^2\sin\theta}{d}.$$

　すなわち

$$\text{P}\Big(\frac{a^2\cos\theta}{d},\ \frac{b^2\sin\theta}{d}\Big).$$

P は C 上の点だから

$$\frac{1}{a^2}\left(\frac{a^2\cos\theta}{d}\right)^2+\frac{1}{b^2}\left(\frac{b^2\sin\theta}{d}\right)^2=1.$$

$$\therefore\quad a^2\cos^2\theta+b^2\sin^2\theta=d^2. \qquad\cdots\text{①}$$

また l に直交する接線 m を考えた場合, 原点からの距離を d' とすると同様にして

$$a^2\cos^2\left(\theta+\frac{\pi}{2}\right)+b^2\sin^2\left(\theta+\frac{\pi}{2}\right)=d'^2.$$

$$\therefore\quad a^2\sin^2\theta+b^2\cos^2\theta=d'^2. \qquad\cdots\text{②}$$

①＋② より

$$d^2+d'^2=a^2+b^2.$$

したがって, 求める対角線の長さは $2\sqrt{a^2+b^2}$ となり一定である.

(2) 対角線の長さが一定の長方形は定円に内接するから, 明らかに正方形のときに面積が最大である. ところで, 楕円の対称性より(1)の l で $\theta=\pm\dfrac{\pi}{4}$, $\pm\dfrac{3\pi}{4}$ とすれば, この4本の接線で外接正方形ができる. したがって, 求める面積の最大値は

$$\frac{1}{2}(2\sqrt{a^2+b^2})^2=2(a^2+b^2).$$

（話題と研究）

(2)の解答に対する補足をします.

円に内接する長方形は対角線が円の直径となります. このことを考えると, 対角線の長さが一定である長方形の中で面積が最大になるのは2本の対角線が直交するときです. すなわち正方形になるときです.

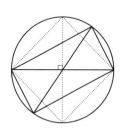

さらにいうと, 一般に四角形の2本の対角線の長さが x, y でそのなす角が θ のとき, 面積 S は

$$S=\frac{1}{2}xy\sin\theta$$

が成立します. x, y が一定なら $\theta=90°$ のとき S は最大です.

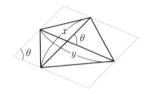

第5章 | **複素数平面**

複素数と幾何についての覚え書き

記号について

複素数 $z=x+yi$ （x, y は実数）について x を $\mathrm{Re}(z)$ と書き z の**実数部分**あるいは**実部**という．また，y を $\mathrm{Im}(z)$ と書き，z の**虚数部分**あるいは**虚部**という．$\mathrm{Re}(z)=\dfrac{1}{2}(z+\bar{z})$, $\mathrm{Im}(z)=\dfrac{1}{2i}(z-\bar{z})$ である．

使い方の例：

a, b を任意の複素数とするとき，

$$\mathrm{Re}(a+b)=\mathrm{Re}(a)+\mathrm{Re}(b), \quad \mathrm{Im}(a+b)=\mathrm{Im}(a)+\mathrm{Im}(b).$$

$$\mathrm{Re}(a\bar{b})=\frac{1}{2}(a\bar{b}+\bar{a}b), \quad \mathrm{Im}(a\bar{b})=\frac{1}{2i}(a\bar{b}-\bar{a}b).$$

平行

複素数平面上の任意の点 A，B，C，Z （A，B は異なる）を A(a)，B(b)，C(c)，Z(z) とするとき，$\overrightarrow{\mathrm{CZ}}$ と $\overrightarrow{\mathrm{AB}}$ が平行であることを表すのに次のようにいろいろな表し方がある．

$$\overrightarrow{\mathrm{CZ}} /\!/ \overrightarrow{\mathrm{AB}}$$

$$\Longleftrightarrow z-c /\!/ b-a$$

$$\Longleftrightarrow \overrightarrow{cz} /\!/ \overrightarrow{ab}$$

$$\Longleftrightarrow \arg\left(\frac{z-c}{b-a}\right)=n\pi \quad (n \text{ は整数}) \tag{1}$$

$$\Longleftrightarrow \frac{z-c}{b-a} \text{ が実数} \tag{2}$$

$$\Longleftrightarrow \overline{\left(\frac{z-c}{b-a}\right)}=\left(\frac{z-c}{b-a}\right)$$

$$\Longleftrightarrow \overline{(b-a)}(z-c)-(b-a)\overline{(z-c)}=0 \tag{3}$$

$$\Longleftrightarrow \mathrm{Im}((z-c)\overline{(b-a)})=0$$

①，② がよく使われるが ③ が簡明である．

垂直

垂直についても同様である．

複素数平面上の任意の点 A，B，C，Z （A，B は異なる）を A(a)，B(b)，C(c)，Z(z) とするとき，

$$\overrightarrow{CZ} \perp \overrightarrow{AB}$$
$$\iff z-c \perp b-a$$
$$\iff \overrightarrow{cz} \perp \overrightarrow{ab}$$
$$\iff \overrightarrow{cz} \cdot \overrightarrow{ab} = 0$$
$$\iff \arg\left(\frac{z-c}{b-a}\right) = \frac{\pi}{2} + n\pi \quad (n \text{ は整数})$$
$$\iff \frac{z-c}{b-a} \text{ が純虚数}$$
$$\iff \overline{\left(\frac{z-c}{b-a}\right)} = -\left(\frac{z-c}{b-a}\right)$$
$$\iff \overline{(b-a)}(z-c) + (b-a)\overline{(z-c)} = 0$$
$$\iff \mathrm{Re}((z-c)\overline{(b-a)}) = 0$$

68.

【解答】

(1) $a_2 = \dfrac{a_1}{2a_1 - 3} = \dfrac{1+i}{2(1+i)-3} = \dfrac{1-3i}{5}$.

$|0-1|=1$, $|1+i-1|=|i|=1$, $\left|\dfrac{1-3i}{5}-1\right| = \left|\dfrac{-4-3i}{5}\right| = 1$ だから, 3点

0, a_1, a_2 と点 1 との距離が等しい. したがって, 点 1 が円の中心, 半径は 1 である. よって, 求める円の方程式は $|z-1|=1$.

(2) $|a_n - 1| = 1$ $(n=1, 2, \cdots)$ が成り立つことを n についての帰納法で示す.

$|a_1 - 1| = 1$ は明らか. n のとき成り立つとすると,

$$|a_n - 1| = 1 \iff a_n\overline{a_n} = a_n + \overline{a_n}.$$

このとき,

$$a_{n+1} - 1 = \frac{a_n}{2a_n - 3} - 1 = \frac{-a_n + 3}{2a_n - 3}$$

だから

$$|a_{n+1} - 1|^2 = \left|\frac{-a_n + 3}{2a_n - 3}\right|^2 = \left(\frac{-a_n + 3}{2a_n - 3}\right)\left(\frac{-\overline{a_n} + 3}{2\overline{a_n} - 3}\right)$$
$$= \frac{a_n\overline{a_n} - 3(a_n + \overline{a_n}) + 9}{4a_n\overline{a_n} - 6(a_n + \overline{a_n}) + 9}$$
$$= \frac{a_n\overline{a_n} - 3a_n\overline{a_n} + 9}{4a_n\overline{a_n} - 6a_n\overline{a_n} + 9} = \frac{-2a_n\overline{a_n} + 9}{-2a_n\overline{a_n} + 9} = 1.$$

$$\therefore \quad |a_{n+1}-1|=1.$$

よって，$n+1$ のときも成り立つ.

以上から，すべての n（$=1,\ 2,\ \cdots$）について成り立つ.

69.

【解答】

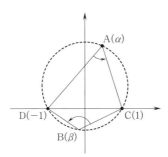

$\beta=-\dfrac{1}{\overline{\alpha}}$ とおく.

A(α)，B(β)，C(1)，D(-1) とするとき $\angle\mathrm{DAC}+\angle\mathrm{CBD}=\pi$ が成り立つことを示す.

$$\angle\mathrm{DAC}=\arg\frac{1-\alpha}{-1-\alpha},$$

$$\angle\mathrm{CBD}=\arg\frac{-1-\beta}{1-\beta}=\arg\frac{-1+\dfrac{1}{\overline{\alpha}}}{1+\dfrac{1}{\overline{\alpha}}}=\arg\frac{-\overline{\alpha}+1}{\overline{\alpha}+1}$$

$$=-\arg\overline{\left(\frac{-\overline{\alpha}+1}{\overline{\alpha}+1}\right)}=-\arg\frac{-\alpha+1}{\alpha+1}.$$

$$\therefore \quad \angle\mathrm{DAC}+\angle\mathrm{CBD}=\arg\frac{1-\alpha}{-1-\alpha}-\arg\frac{-\alpha+1}{\alpha+1}$$

$$=\arg\frac{1-\alpha}{-1-\alpha}\cdot\frac{\alpha+1}{-\alpha+1}=\arg(-1)=\pi.$$

70.

【解答】

(1) $\arg\dfrac{z-\beta}{z-\alpha}=\arg\dfrac{\beta-z}{\alpha-z}=\theta$ とおく.

$\quad\dfrac{z-\beta}{z-\alpha}$ の虚数部分が正 $\Longleftrightarrow 0<\theta<\pi$.

θ は $\overrightarrow{z\alpha}$ から $\overrightarrow{z\beta}$ へのなす角であるから,

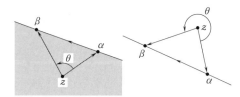

z の存在範囲は 2 点 α, β を結ぶ直線に関して, α から β に向かって進むとき, 直線の左側の領域である.

(2) $\qquad (z-\alpha)(z-\beta)+(z-\beta)(z-\gamma)+(z-\gamma)(z-\alpha)=0 \qquad \cdots①$

$z=\alpha$ とすると $(\alpha-\beta)(\alpha-\gamma)=0$. したがって $\alpha=\beta$ または $\alpha=\gamma$. いずれにしても仮定に反するから, $z\neq\alpha$. 同様にして, $z\neq\beta$, $z\neq\gamma$.

① の両辺を $(z-\alpha)(z-\beta)$ で割ると

$$1+\dfrac{z-\gamma}{z-\alpha}+\dfrac{z-\gamma}{z-\beta}=0.$$

これから, $\mathrm{Im}\left(\dfrac{z-\gamma}{z-\alpha}\right)+\mathrm{Im}\left(\dfrac{z-\gamma}{z-\beta}\right)=0$.

したがって, $\mathrm{Im}\left(\dfrac{z-\gamma}{z-\alpha}\right)$ と $\mathrm{Im}\left(\dfrac{z-\gamma}{z-\beta}\right)$ は異符号である.

同様に, $\mathrm{Im}\left(\dfrac{z-\alpha}{z-\gamma}\right)$ と $\mathrm{Im}\left(\dfrac{z-\alpha}{z-\beta}\right)$, $\mathrm{Im}\left(\dfrac{z-\beta}{z-\gamma}\right)$ と $\mathrm{Im}\left(\dfrac{z-\beta}{z-\alpha}\right)$ もそれぞれ異符号である.

$\mathrm{Im}\dfrac{z-\gamma}{z-\alpha}$ を $(\alpha\to\gamma)$ などと表すと $(\alpha\to\gamma)$ と $(\beta\to\gamma)$, $(\gamma\to\alpha)$ と $(\beta\to\alpha)$, $(\gamma\to\beta)$ と $(\alpha\to\beta)$ がそれぞれ異符号である.

したがって, $(\alpha\to\gamma)>0$ のとき

$(\alpha\to\gamma)>0 \Longrightarrow (\beta\to\gamma)<0 \Longrightarrow (\gamma\to\beta)>0 \Longrightarrow (\alpha\to\beta)<0 \Longrightarrow (\beta\to\alpha)>0 \Longrightarrow (\gamma\to\alpha)<0.$

$(\alpha\to\gamma)<0$ のとき

$(\alpha\to\gamma)<0 \Longrightarrow (\beta\to\gamma)>0 \Longrightarrow (\gamma\to\beta)<0 \Longrightarrow (\alpha\to\beta)>0 \Longrightarrow (\beta\to\alpha)<0 \Longrightarrow (\gamma\to\alpha)>0.$

これらを満たす z の存在範囲は,

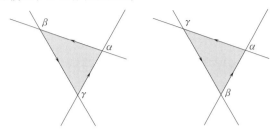

となり $\triangle \alpha\beta\gamma$ の内部である.

71.

【解答】

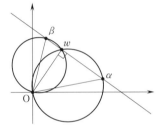

原点を O とする. OR⊥PQ だから w は OP を直径とする円周上および OQ を直径とする円周上にある.

$$\therefore \quad \left| w - \frac{\alpha}{2} \right| = \frac{|\alpha|}{2}, \qquad\qquad \cdots ①$$

$$\left| w - \frac{\beta}{2} \right| = \frac{|\beta|}{2}. \qquad\qquad \cdots ②$$

したがって, $w = \alpha\beta$ ならば ① から

$$\left| \alpha\beta - \frac{\alpha}{2} \right| = \frac{|\alpha|}{2} \iff |\alpha| \left| \beta - \frac{1}{2} \right| = \frac{|\alpha|}{2}.$$

$\alpha \neq 0$ だから, $\left| \beta - \frac{1}{2} \right| = \frac{1}{2}$. 同様に ② から $\left| \alpha - \frac{1}{2} \right| = \frac{1}{2}$.

よって, P(α), Q(β) は A$\left(\frac{1}{2}\right)$ を中心とする半径 $\frac{1}{2}$ の円周上にある.（必要）

逆に, α, β が A$\left(\frac{1}{2}\right)$ を中心とする半径 $\frac{1}{2}$ の円周上にあるとすると,

$$\left| \alpha - \frac{1}{2} \right| = \frac{1}{2} \iff \left(\alpha - \frac{1}{2} \right) \overline{\left(\alpha - \frac{1}{2} \right)} = \frac{1}{4} \iff \alpha\bar{\alpha} = \frac{1}{2}(\alpha + \bar{\alpha}). \qquad \cdots ③$$

また,

$$\left|\beta-\frac{1}{2}\right|=\frac{1}{2} \iff \beta\bar{\beta}=\frac{1}{2}(\beta+\bar{\beta}) \qquad \cdots ④$$

が成り立つ.

2点 P, Q を通る直線 $l:\{z\,|\,z-\alpha\,/\!/\,\beta-\alpha\,\}$ は

$$(\overline{\beta-\alpha})(z-\alpha)-(\beta-\alpha)(\overline{z-\alpha})=0$$
$$\iff (\bar{\beta}-\bar{\alpha})z-(\beta-\alpha)\bar{z}=(\bar{\beta}-\bar{\alpha})\alpha-(\beta-\alpha)\bar{\alpha}$$
$$\iff (\bar{\beta}-\bar{\alpha})z-(\beta-\alpha)\bar{z}=\bar{\beta}\alpha-\beta\bar{\alpha}. \qquad \cdots ⑤$$

また, 原点から l に引いた垂線: $\{z\,|\,z-0\perp\beta-\alpha\,\}$ は

$$(\overline{\beta-\alpha})(z-0)+(\beta-\alpha)(\overline{z-0})=0 \iff (\bar{\beta}-\bar{\alpha})z+(\beta-\alpha)\bar{z}=0. \qquad \cdots ⑥$$

⑤, ⑥ の交点を求めると, まず ⑥ から, $\bar{z}=-\dfrac{\bar{\beta}-\bar{\alpha}}{\beta-\alpha}z$. ⑤ に代入して,

$$(\bar{\beta}-\bar{\alpha})z+(\beta-\alpha)\frac{\bar{\beta}-\bar{\alpha}}{\beta-\alpha}z=\bar{\beta}\alpha-\beta\bar{\alpha} \iff 2(\bar{\beta}-\bar{\alpha})z=\bar{\beta}\alpha-\beta\bar{\alpha}.$$

$$\therefore \quad z=\frac{\bar{\beta}\alpha-\beta\bar{\alpha}}{2(\bar{\beta}-\bar{\alpha})}.$$

③ から, $(2\alpha-1)\bar{\alpha}=\alpha$. $\quad \therefore \quad \bar{\alpha}=\dfrac{\alpha}{2\alpha-1}$. 同様に ④ から $\bar{\beta}=\dfrac{\beta}{2\beta-1}$.

よって,

$$z=\frac{\dfrac{\beta}{2\beta-1}\alpha-\beta\dfrac{\alpha}{2\alpha-1}}{2\left(\dfrac{\beta}{2\beta-1}-\dfrac{\alpha}{2\alpha-1}\right)}=\frac{2\alpha\beta(\alpha-\beta)}{2(\alpha-\beta)}=\alpha\beta.$$

$$\therefore \quad w=\alpha\beta. \quad (十分)$$

72.

【解答】

$z^2-2z-w=0$ を満たす z が $|z|\leqq\dfrac{5}{4}$ の範囲 (領域) にあるような w の全体が T. z の 2 次方程式 $z^2-2z-w=0$ の 2 解を α, β とすれば, 解と係数の関係から

$$\alpha+\beta=2, \quad \alpha\beta=-w.$$

したがって, $|\alpha|\leqq\dfrac{5}{4}$, $|\beta|\leqq\dfrac{5}{4}$ であるためには,

$$|w|=|-\alpha\beta|=|\alpha||\beta|\leqq\frac{25}{16}.$$

$$\therefore\quad |w|\leqq\frac{25}{16}.$$

等号は，$|\alpha|=|\beta|=\frac{5}{4}$，$\alpha+\beta=2$ すなわち，

$$\alpha=1\pm\frac{3}{4}i,\ \beta=1\mp\frac{3}{4}i\quad(複号同順)$$

のとき成り立つ，$|w|$ は最大値 $\frac{25}{16}$ をとる．

このとき，

$$\boldsymbol{w}=-\left(1+\frac{3}{4}i\right)\left(1-\frac{3}{4}i\right)=-\frac{25}{16}.$$

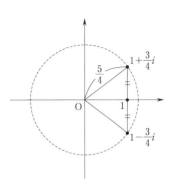

73.

【解答】

$$\alpha+\beta+\gamma=\alpha^2+\beta^2+\gamma^2=0$$

から

$$\alpha\beta+\beta\gamma+\gamma\alpha=\frac{1}{2}\{(\alpha+\beta+\gamma)^2-(\alpha^2+\beta^2+\gamma^2)\}=0.$$

$$\therefore\quad \alpha^2+\beta^2+\gamma^2-(\alpha\beta+\beta\gamma+\gamma\alpha)=0.$$

左辺を変形して，

$$\begin{aligned}
0&=\alpha^2-\alpha\beta+\beta^2-\beta\gamma+\gamma^2-\gamma\alpha\\
&=\alpha(\alpha-\beta)+\beta(\beta-\gamma)+\gamma(\gamma-\alpha)\\
&=\alpha(\alpha-\beta)+\beta\{(\beta-\alpha)+(\alpha-\gamma)\}+\gamma(\gamma-\alpha)\\
&=(\alpha-\beta)(\alpha-\beta)+(\gamma-\alpha)(\gamma-\beta).
\end{aligned}$$

$$\therefore\quad (\alpha-\beta)(\alpha-\beta)=-(\gamma-\alpha)(\gamma-\beta).$$

$\alpha\neq\gamma$，$\beta\neq\gamma$ であるから

$$\frac{\alpha-\beta}{\gamma-\beta}=\frac{\gamma-\alpha}{\beta-\alpha}.$$

$$\therefore\quad \arg\frac{\alpha-\beta}{\gamma-\beta}=\arg\frac{\gamma-\alpha}{\beta-\alpha}.$$

$$\therefore\quad \angle\gamma\beta\alpha=\angle\beta\alpha\gamma.$$

同様にして，$\angle\beta\alpha\gamma=\angle\alpha\gamma\beta$ も示せる．

よって，三角形 $\alpha\beta\gamma$ は正三角形である．

また，$\dfrac{\alpha+\beta+\gamma}{3}=0$ だから，この三角形の重心は原点である．

逆に，正三角形であること，およびその重心が原点であることを仮定すれば，証明の逆がたどれる．

以上から，**3点 α，β，γ を結ぶ三角形は原点を重心にもつ正三角形である**．

74.

【解答】

(1) $|z|=1$ のとき，$z=\cos\theta+i\sin\theta$ $(-\pi\leqq\theta<\pi)$ とおける．

このとき，

$$w=\frac{1}{2}\Big(z+\frac{1}{z}\Big)=\frac{1}{2}\{(\cos\theta+i\sin\theta)+(\cos\theta-i\sin\theta)\}=\cos\theta.$$

$-\pi\leqq\theta<\pi$ だから $-1\leqq\cos\theta\leqq1$．

よって，$w=u+iv$ の描く図形の方程式は

$$v=0,\quad -1\leqq u\leqq1.$$

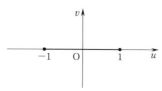

(2) $z=t(\cos\alpha+i\sin\alpha)$，$(t>0)$ とおける．このとき

$$w=\frac{1}{2}\Big(z+\frac{1}{z}\Big)=\frac{1}{2}\Big\{t(\cos\alpha+i\sin\alpha)+\frac{1}{t}(\cos\alpha-i\sin\alpha)\Big\}$$

$$=\frac{1}{2}\Big(t+\frac{1}{t}\Big)\cos\alpha+i\frac{1}{2}\Big(t-\frac{1}{t}\Big)\sin\alpha.$$

$$\therefore\quad \begin{cases}u=\dfrac{1}{2}\Big(t+\dfrac{1}{t}\Big)\cos\alpha,\\[2mm]v=\dfrac{1}{2}\Big(t-\dfrac{1}{t}\Big)\sin\alpha\end{cases}\Longleftrightarrow \begin{cases}t+\dfrac{1}{t}=\dfrac{2u}{\cos\alpha},\\[2mm]t-\dfrac{1}{t}=\dfrac{2v}{\sin\alpha}\end{cases}$$

$$\Longleftrightarrow \begin{cases}t=\dfrac{u}{\cos\alpha}+\dfrac{v}{\sin\alpha},\\[2mm]\dfrac{1}{t}=\dfrac{u}{\cos\alpha}-\dfrac{v}{\sin\alpha}.\end{cases}$$

これらを満たす t (>0) が存在するための条件は，

$$\frac{u}{\cos\alpha}+\frac{v}{\sin\alpha}>0,\quad \frac{u}{\cos\alpha}-\frac{v}{\sin\alpha}>0$$

かつ

$$\left(\frac{u}{\cos\alpha}+\frac{v}{\sin\alpha}\right)\left(\frac{u}{\cos\alpha}-\frac{v}{\sin\alpha}\right)=1 \iff \frac{u^2}{\cos^2\alpha}-\frac{v^2}{\sin^2\alpha}=1.$$

したがって，w の描く図形は，$\dfrac{u}{\cos\alpha}=\pm\dfrac{v}{\sin\alpha}$ を漸近線とする双曲線の一部 $u>0$ の部分．

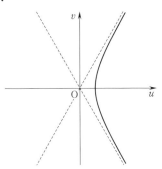

75.

【解答】

(1)

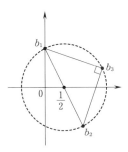

$a_1=1$, $a_2=i$, $a_3=1+i$, $a_4=1+2i$ だから，$b_1=i$，$b_2=1-i$，$b_3=\dfrac{3+i}{2}$.

このとき，

$$\frac{b_2-b_3}{b_1-b_3}=\frac{1-i-\dfrac{3+i}{2}}{i-\dfrac{3+i}{2}}=i.$$

$$\therefore\quad \angle b_1b_3b_2=\arg\frac{b_2-b_3}{b_1-b_3}=\arg i=90°.$$

よって，点 b_3 は線分 b_1b_2 を直径とする円周上にある．この円の**中心は**

線分 b_1b_2 の中点 $\dfrac{1}{2}$ で，半径は $\left|b_1-\dfrac{1}{2}\right|=\dfrac{\sqrt{5}}{2}$.

(2) $\left|b_n-\dfrac{1}{2}\right|=\dfrac{\sqrt{5}}{2}$ $(n=1,\ 2,\ \cdots)$ を n についての帰納法で示す.

$n=1$ のときは(1)から明らか.

n のとき成り立つとする. $a_{n+2}=a_{n+1}+a_n$ から両辺を a_{n+1} で割って，

$$\frac{a_{n+2}}{a_{n+1}}=1+\frac{a_n}{a_{n+1}}.$$

したがって，$b_{n+1}=1+\dfrac{1}{b_n}$ が成り立つことに注意すると，

$$b_{n+1}-\frac{1}{2}=1+\frac{1}{b_n}-\frac{1}{2}=\frac{1}{2}+\frac{1}{b_n}=\frac{b_n+2}{2b_n}=\frac{1}{2}\cdot\frac{\left(b_n-\dfrac{1}{2}\right)+\dfrac{5}{2}}{\left(b_n-\dfrac{1}{2}\right)+\dfrac{1}{2}}.$$

ここで，$z_n=b_n-\dfrac{1}{2}$ とおくと，$z_{n+1}=\dfrac{1}{2}\cdot\dfrac{z_n+\dfrac{5}{2}}{z_n+\dfrac{1}{2}}.$

$$\therefore\quad |z_{n+1}|^2=\frac{1}{4}\cdot\frac{\left|z_n+\dfrac{5}{2}\right|^2}{\left|z_n+\dfrac{1}{2}\right|^2}$$

$$=\frac{1}{4}\cdot\frac{z_n\overline{z_n}+\dfrac{5}{2}(z_n+\overline{z_n})+\dfrac{25}{4}}{z_n\overline{z_n}+\dfrac{1}{2}(z_n+\overline{z_n})+\dfrac{1}{4}}$$

$$=\frac{1}{4}\cdot\frac{\dfrac{30}{4}+\dfrac{5}{2}(z_n+\overline{z_n})}{\dfrac{6}{4}+\dfrac{1}{2}(z_n+\overline{z_n})}$$

$$=\frac{5}{4}.$$

$$\therefore\quad |z_{n+1}|=\frac{\sqrt{5}}{2}.$$

よって，$\left|b_{n+1}-\dfrac{1}{2}\right|=\dfrac{\sqrt{5}}{2}$，すなわち $n+1$ のときも成り立つ.

以上から，すべての $n\ (=1,\ 2,\ \cdots)$ について成り立つ.

76.

【解答】

(1)

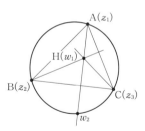

A(z_1), B(z_2), C(z_3), H(w_1) とする.
$$(w_1 - z_1)\overline{(z_3 - z_2)} + \overline{(w_1 - z_1)}(z_3 - z_2)$$
$$= (z_3 + z_2)(\overline{z_3} - \overline{z_2}) + (\overline{z_3} + \overline{z_2})(z_3 - z_2)$$
$$= |z_3|^2 - z_3\overline{z_2} + z_2\overline{z_3} - |z_2|^2 + |z_3|^2 - \overline{z_3}z_2 + \overline{z_2}z_3 - |z_2|^2$$
$$= 2(|z_3|^2 - |z_2|^2) = 2(1 - 1) = 0.$$
$$\therefore \quad w_1 - z_1 \perp z_3 - z_2.$$

したがって, AH⊥BC. 同様にして, BH⊥CA, CH⊥AB が示される.
よって, H(w_1) は三角形 ABC の垂心である.

(2) A(z_1) を通り BC に垂直な直線：$\{ z \mid z - z_1 \perp z_3 - z_2 \}$ は
$$(z - z_1)\overline{(z_3 - z_2)} + \overline{(z - z_1)}(z_3 - z_2) = 0.$$

ここで $\overline{z_3 - z_2} = \overline{z_3} - \overline{z_2} = \dfrac{1}{z_3} - \dfrac{1}{z_2} = \dfrac{z_2 - z_3}{z_2 z_3}$ だから,

$$(z - z_1)\frac{z_2 - z_3}{z_2 z_3} + (\overline{z} - \overline{z_1})(z_3 - z_2) = 0 \iff \frac{z_2 - z_3}{z_2 z_3}\{z - z_1 - z_2 z_3(\overline{z} - \overline{z_1})\} = 0.$$

$z_2 \neq z_3$ だから,
$$z - z_1 - z_2 z_3(\overline{z} - \overline{z_1}) = 0. \qquad \cdots ①$$

これと, $C_1 : z\overline{z} = 1$ との交点は, $\overline{z} = \dfrac{1}{z}$ として連立させて
$$z - z_1 - z_2 z_3\left(\frac{1}{z} - \frac{1}{z_1}\right) = 0$$
$$\iff z - z_1 + z_2 z_3 \frac{z - z_1}{z z_1}$$
$$\iff (z - z_1)(z z_1 + z_2 z_3) = 0.$$

$z \neq z_1$ だから
$$z z_1 + z_2 z_3 = 0. \qquad \therefore \quad z = -\frac{z_2 z_3}{z_1} = -\overline{z_1}z_2 z_3.$$

よって, $w_2 = -\overline{z_1}z_2 z_3$.

(3) B, C を通る直線：$\{\,z\mid z-z_2 /\!/ z_3-z_2\,\}$ は

$$(z-z_2)\overline{(z_3-z_2)}-\overline{(z-z_2)}(z_3-z_2)=0.$$

(2)と同様にして，

$$(z-z_2)\frac{z_2-z_3}{z_2z_3}-\left(\overline{z}-\frac{1}{z_2}\right)(z_3-z_2)=0 \iff \frac{z_2-z_3}{z_2z_3}\left\{z-z_2+z_2z_3\left(\overline{z}-\frac{1}{z_2}\right)\right\}=0.$$

$z_2 \neq z_3$ だから，

$$z-z_2+z_2z_3\left(\overline{z}-\frac{1}{z_2}\right)=0 \iff z+z_2z_3\overline{z}=z_2+z_3. \qquad \cdots ②$$

①，②の交点は，これらを連立させて，①＋② から，

$$2z=z_1+z_2+z_3-\overline{z_1}z_2z_3=w_1+w_2.$$

$$\therefore \quad z=\frac{w_1+w_2}{2}.$$

すなわち，線分 w_1w_2 の中点である．

第 6 章 ベクトル

77.

【解答】

(1) $\overrightarrow{\mathrm{OP}_n}=\begin{pmatrix}x_n\\y_n\end{pmatrix}$ $(n=1,\ 2,\ 3,\ 4)$ とおくと,

$$\begin{pmatrix}x_{n-1}\\y_{n-1}\end{pmatrix}+\begin{pmatrix}x_{n+1}\\y_{n+1}\end{pmatrix}=\frac{3}{2}\begin{pmatrix}x_n\\y_n\end{pmatrix}\quad(n=2,\ 3).$$

$n=2,\ 3$ として

$$\begin{pmatrix}x_1\\y_1\end{pmatrix}+\begin{pmatrix}x_3\\y_3\end{pmatrix}=\frac{3}{2}\begin{pmatrix}x_2\\y_2\end{pmatrix}\quad\cdots①,\quad\begin{pmatrix}x_2\\y_2\end{pmatrix}+\begin{pmatrix}x_4\\y_4\end{pmatrix}=\frac{3}{2}\begin{pmatrix}x_3\\y_3\end{pmatrix}\quad\cdots②.$$

① から $x_3=\dfrac{3}{2}x_2-x_1,\ y_3=\dfrac{3}{2}y_2-y_1.$

$$\therefore\quad x_3y_3=\left(\frac{3}{2}x_2-x_1\right)\left(\frac{3}{2}y_2-y_1\right)=\frac{9}{4}x_2y_2+x_1y_1-\frac{3}{2}(x_1y_2+x_2y_1).$$

$\mathrm{P}_1,\ \mathrm{P}_2$ が曲線 $xy=1$ 上にあるとすると,$x_1y_1=1,\ x_2y_2=1$ が成り立つから

$$x_3y_3=\frac{9}{4}\cdot1+1-\frac{3}{2}(x_1y_2+x_2y_1).$$

ここで,$\mathrm{P}_3(x_3,\ y_3)$ が曲線 $xy=1$ 上にあると仮定すると,$x_3y_3=1$ となり,これから,$x_1y_2+x_2y_1=\dfrac{3}{2}$. ところが,$x_1y_2+x_2y_1$ については

$$(x_1y_2+x_2y_1)^2=(x_1y_2-x_2y_1)^2+4x_1x_2y_1y_2=(x_1y_2-x_2y_1)^2+4\geqq4.$$

となって矛盾する.従って,$\mathrm{P}_3(x_3,\ y_3)$ は曲線 $xy=1$ 上にない.

(2) ① から,$x_1=\dfrac{3}{2}x_2-x_3,\ y_1=\dfrac{3}{2}y_2-y_3.$

$$\therefore\quad x_1^2+y_1^2=\left(\frac{3}{2}x_2-x_3\right)^2+\left(\frac{3}{2}y_2-y_3\right)^2$$

$$=\frac{9}{4}(x_2^2+y_2^2)+(x_3^2+y_3^2)-3(x_2x_3+y_2y_3).$$

ここで $\mathrm{P}_1,\ \mathrm{P}_2,\ \mathrm{P}_3$ が曲線 $x^2+y^2=1$ 上にあるとすると

$x_1^2+y_1^2=x_2^2+y_2^2=x_3^2+y_3^2=1$ が成り立つから $1=\dfrac{9}{4}\cdot1+1-3(x_2x_3+y_2y_3)$

$$\therefore\quad x_2x_3+y_2y_3=\frac{3}{4}.$$

このとき ② より

$$x_4^2 + y_4^2 = \left(\frac{3}{2}x_3 - x_2\right)^2 + \left(\frac{3}{2}y_3 - y_2\right)^2 = \frac{9}{4}(x_3^2 + y_3^2) + (x_2^2 + y_2^2) - 3(x_2 x_3 + y_2 y_3)$$

$$= \frac{9}{4} \cdot 1 + 1 - 3 \cdot \frac{3}{4} = 1.$$

よって，$P_4(x_4,\ y_4)$ も円周 $x^2 + y^2 = 1$ 上にある．

話題と研究

　問題文の仮定になっている等式において，右辺の係数 $\frac{3}{2}$ に対しては，これが 2 より小さい任意の正の数であったとしても問題の主張は成立することが，解答と全く同様にして分かります．

　さて，この問題は，行列の理論（今，高校数学の範囲から外れています）から説明することが出来るので，ここでは関連する知識を仮定してそのアウトラインを述べることにします．

　初めに C を xy 平面上にある原点対称の楕円または双曲線とします．このとき C は，$ax^2 + bxy + cy^2 = 1$ という形の方程式で表せます．C は xy 平面上の曲線ですが，これが '群' と呼ばれるものの作用を受けて形を変えます．群は抽象的に定められる代数系の一種ですが，特に C に作用させるときは 2×2 行列 M の集合で表します（これを '群の表現' と言います）．

　以下では特別に C の形を変化させないような M の集合（I_C とします）を考えます．I_C 自体は群を構成していて，任意の $M \in I_C$ を $M = \begin{pmatrix} p & q \\ r & s \end{pmatrix}$ とすると，$|ps - qr| = 1$ が成立していることが知られています．

　一方で M には 'ケーリー・ハミルトンの定理'

$$M^2 - (p+s)M + (ps-qr)E = O \left(E = \begin{pmatrix} 1 & 0 \\ 0 & 1 \end{pmatrix},\ O = \begin{pmatrix} 0 & 0 \\ 0 & 0 \end{pmatrix}\right)$$ が成立していて，

$t = p + s$ とおくと，$ps - qr = 1$ のときには $M^2 + E = tM$ となります．そこで C 上の任意の点 P_1 から，C 上の点列 P_n $(n = 1,\ 2,\ 3,\ \cdots)$ を，$\overrightarrow{OP}_{n+1} = M\overrightarrow{OP}_n$ で定めると，

$$\overrightarrow{OP}_{n+2} + \overrightarrow{OP}_n = t\overrightarrow{OP}_{n+1} \quad (n = 1,\ 2,\ 3,\ \cdots) \qquad \cdots(*)$$

が成立することになります．ここで t の取り得る値は，M により定まり，したがって C の形（方程式）に依存しそうに見えますが，実は C が楕円か双曲線かによって異なるだけです．結論を述べると，$|t| = 0,\ 2$ のときは共通して自明なケースで，自明でないケースとしては C が楕円なら $0 \leq |t| \leq 2$，C が双曲線なら $2 \leq |t|$ となります．今回の問題では $t = \frac{3}{2}$ であるから C が楕円のときの

ケースです．ここで述べたことを確認するのは難しくはありません．一つには，原点対称の楕円または双曲線は，適当な '一次変換'（行列による変形のことです）で方程式 $x^2+y^2=1$ または $xy=1$ で表せるものに移し変えられるため，C をこの2つの形のいずれかで考えれば良いことになります．この場合は今回の問題の解答と同様の単純な計算により結果を導けます．もう一つまた別の方法としては，もし正確な直感を働かせることが出来れば，楕円及び双曲線のグラフの凸性を考えれば理解出来ると思います．

　次に，問題の(2)については，より一般的に

　「(*) をみたす点列 $\{P_n\}$ において，P_1, P_2, $P_3 \in C$ であるとき，任意の P_n は C 上にある．」

と言う形で成立します．証明は先程述べた理由により，C が $x^2+y^2=1$ 及び $xy=1$ のときだけで考えれば十分であり，実質今回の問題と同程度のレベルで済みます．

　ところで (*) をみたす任意の点列 P_n に対して，$\overrightarrow{OP_{n+1}}=M\overrightarrow{OP_n}$

（$n=1, 2, 3, \cdots$）をみたす行列 M は唯一つ存在することが分かります．(2)の主張を M で特徴づけた言い方をすれば，

　「$\{P_n\}$ で定まる行列 M に対し P_1, P_2, $P_3 \in C$ であるとき，C は M による変換で不変である」

と改良できる様になります．さらにまた，

　「P_1, P_2, $P_3 \in C$ とある行列 M があって M による P_1, P_2, P_3 の像をそれぞれ Q_1, Q_2, Q_3 とする．$\overrightarrow{OP_1}$, $\overrightarrow{OP_2}$, $\overrightarrow{OP_3}$ がどの2つも一次独立であり，また Q_1, Q_2, $Q_3 \in C$ であるとき，C は M による変換で不変である」

と言う事実が成立します．これらの事実を確認するためには，やはり '線形代数' の勉強（時間はかかりますが）を準備していくのが良いと思います．線形代数の特に，行列の固有値と固有ベクトルの理論は群とその不変式を調べる際に役立ちます．

　例えば $M=\begin{pmatrix} p & q \\ r & s \end{pmatrix}$ とするとき，$ps-qr=1$ かつ $M \neq E$ である任意の M に対し，M で不変な2次曲線 $ax^2+bxy+cy^2=1$ が存在して，その係数 a, b, c は M の成分で表されることが分かっています．そして，このことはより次元の高い n 次行列とその不変 n 次形式にここでお話した事が容易に拡張されます．そして過去の入試問題においても，より発展した群とその不変式の理論を背景にする問題が出題されたこともあります．細かな所は全く述べられませんでしたが，特に大学へ行き数学に関わる研究を目指す人にとっては，決して無

関係ではない現実的な事として興味を持ってもらえたらうれしく思います.

78.

【解答】

(i), (ii)すなわち,
$$|\vec{v_1}|=|\vec{v_2}|=\cdots=|\vec{v_n}|=1 \quad \cdots①, \quad \vec{v_i}\cdot\vec{v_j}=\lambda \quad (i\neq j) \quad \cdots②$$
を満たす $\vec{v_1}$, $\vec{v_2}$, $\cdots$, $\vec{v_n}$ に対し, 空間で原点を O とし, n 個の点 A_1, A_2, $\cdots$, A_n を
$$\vec{v_1}=\overrightarrow{OA_1}, \quad \vec{v_2}=\overrightarrow{OA_2}, \quad \cdots, \quad \vec{v_n}=\overrightarrow{OA_n}$$
となるように取ると, ① から A_1, A_2, $\cdots$, A_n は O を中心とする半径 1 の球面上にある. また, ② から
$$\overline{A_iA_j}^2=|\vec{v_i}-\vec{v_j}|^2=|\vec{v_i}|^2+|\vec{v_j}|^2-2\vec{v_i}\cdot\vec{v_j}=1+1-2\lambda=2(1-\lambda)$$
であるから, $2(1-\lambda)>0$ すなわち $\lambda<1$ が必要で, このとき,
$\overline{A_iA_j}=\sqrt{2(1-\lambda)}$ となり n 個の点から任意の 2 点を結ぶ線分の長さはすべて等しい.

従って, A_1, A_2, $\cdots$, A_n から任意の 3 点を選んで結んでできる三角形はすべて合同な正三角形であり, 任意の 4 点を選び結んでできる四面体はすべて合同な正四面体である. これから, $n=3$ のときは, 半径 1 の円に内接する正三角形の一辺の長さが $\sqrt{3}$ であることから $\sqrt{2(1-\lambda)}\leqq\sqrt{3}$ すなわち $\lambda\geqq-\dfrac{1}{2}$ ならば条件をみたす 3 点は存在する.

$n=4$ のときは, 半径 1 の球に内接する正四面体は必ず存在しその一辺の長さは $\dfrac{2\sqrt{6}}{3}$ であるから, $\sqrt{2(1-\lambda)}=\dfrac{2\sqrt{6}}{3}$ すなわち $\lambda=-\dfrac{1}{3}$ のとき条件を満たす 4 点は存在する.

$n\geqq5$ のときは, 点 A_1 に対して, A_2, A_3, $\cdots$, A_n はすべて A_1 からの距離が等しいから球面上にある同一の円周上になければならない. その円周上に 3 点 A_2, A_3, A_4 以外に A_5 があったとすると A_1, A_2, A_3, A_4 を結んでできる四面体は正四面体とはなり得ない.

以上から求める条件は,
$$\left(n=3 \text{ かつ } -\dfrac{1}{2}\leqq\lambda<1\right) \text{ または, } \left(n=4 \text{ かつ } \lambda=-\dfrac{1}{3}\right).$$

話題と研究

2次元平面には正三角形，3次元空間には正四面体が存在していて，いずれも，それぞれの頂点の集合は，それぞれの平面及び空間において，

「どの2点間の距離も等しい」　　　…(*)

と言う性質があります．また，(*)をみたすn点の集合をS_nとするとき，$n=3$のとき，その3点はある平面内の正三角形を作り，$n=4$のとき，その4点はある空間内の正四面体を作ることになります．今述べたことは3次元空間で生活している私達にとっては，直感的に明らかな事であり，ほとんどの人が共通の認識を持っていると思われます．今回の問題において，解答で定めたn個の点の集合$\{A_1, A_2, \cdots, A_n\}$はまさに$S_n$になるので，結局本問は$S_n$の構成を考える問題に他なりません．高校で学ぶ数学では，正三角形及び正四面体の存在は明らかであり，また球面上の点の位置関係等は自明であることが多いので，解答もそれらを用いれば本問は比較的簡単に考えることができます．次に一般に$n \geqq 5$である場合に対し，S_nが存在する場合を考えることにします．今回の問題の結果でもある様に，$n \geqq 5$のときS_nは3次元空間内には存在しません．（S_nのn点が形成する図形は，仮に超n面体とでも呼べる様なものになるでしょう）すなわちS_nの存在は，4次元以上の空間内で考える必要があります．しかし，3次元と4次元以上とでは決定的な違いとして，直観的見解が認められない点があります．例えば4次元空間内である2次元平面πを考えて，π上にある正三角形を底面とする正四面体を作ろうとした場合，もう1つの頂点の位置を定める必要がありますが，4次元空間ではπに垂直な方向が一意ではありません．しかしながらこの事実を正確に形としてイメージするのは難しいと思われます．仮に何らかのイメージが持てたとしても，それをあらゆる人の共通の認識にすることは不可能に近いでしょう．結局高次元（4次元以上）の幾何において直観的な見解はそれを考える人それぞれの個人的な思考過程では役立つかもしれませんが，定理の証明など形として定式化しなければならない様な場合には使えません．現代の数学の方法は直観を用いた議論を廃止したものになっていて，図形を方程式で表したり，またベクトルを導入したのもそのためです．ただ，今回の問題はあくまでも大学入試の問題ですから，以上の様な事まで考える必要はありません．しかし問題をより高次元空間で考える場合はどうすべきかを考えてみても悪くはないと思います．ちなみに，それほど難しいことではなく，結果的には，予想通りになると思いますが

「S_nは$n-1$次元以上の空間内の$n-1$次元部分空間で存在して，その中に今回の問題と同じ仮定をみたすn個のベクトル$\vec{v_n}$（$n=1, 2, \cdots, n$）の終点

として表すことができる. このとき $\lambda=\dfrac{1}{n-1}$ になる」

を示すことになります.

証明は n に関する帰納法を用いるのが良いでしょう.

79.

【解答】

$\overrightarrow{OA}=\vec{a}$, $\overrightarrow{OB}=\vec{b}$, $\overrightarrow{OC}=\vec{c}$, $\overrightarrow{OD}=\vec{d}$ とおくと, $|\vec{a}|=|\vec{b}|=|\vec{c}|=|\vec{d}|=1$,

$\vec{a}\cdot\vec{b}=\vec{c}\cdot\vec{d}=\dfrac{1}{2}$, $\vec{a}\cdot\vec{c}=\vec{b}\cdot\vec{c}=-\dfrac{\sqrt{6}}{4}$, $\vec{a}\cdot\vec{d}=\vec{b}\cdot\vec{d}=k$.

このとき

$$AC^2=|\vec{a}-\vec{c}|^2=|\vec{a}|^2+|\vec{c}|^2-2\vec{a}\cdot\vec{c}=1+1+2\dfrac{\sqrt{6}}{4}=2+\dfrac{\sqrt{6}}{2},$$

$$BC^2=|\vec{b}-\vec{c}|^2=|\vec{b}|^2+|\vec{c}|^2-2\vec{b}\cdot\vec{c}=1+1+2\dfrac{\sqrt{6}}{4}=2+\dfrac{\sqrt{6}}{2}.$$

また,

$$AD^2=|\vec{a}-\vec{d}|^2=|\vec{a}|^2+|\vec{d}|^2-2\vec{a}\cdot\vec{d}=1+1-2k=2(1-k),$$

$$BD^2=|\vec{b}-\vec{d}|^2=|\vec{b}|^2+|\vec{d}|^2-2\vec{b}\cdot\vec{d}=1+1-2k=2(1-k).$$

$$\therefore \quad AC=BC, \quad AD=BD.$$

よって, C, D はともに辺 AB の垂直二等分面上にあり, さらに AB の中点を M とすると4点 M, C, D および球の中心 O はすべてこの一つの平面上にある.

$\overrightarrow{OM}=\vec{m}$ とおくと,

$$\vec{m}\cdot\vec{d}=\dfrac{\vec{a}+\vec{b}}{2}\cdot\vec{d}=\dfrac{\vec{a}\cdot\vec{d}+\vec{b}\cdot\vec{d}}{2}=k,$$

$$|\vec{m}|^2=\left|\dfrac{\vec{a}+\vec{b}}{2}\right|^2=\dfrac{1}{4}(|\vec{a}|^2+|\vec{b}|^2+2\vec{a}\cdot\vec{b})=\dfrac{1}{4}\left(2+2\cdot\dfrac{1}{2}\right)=\dfrac{3}{4}. \quad \therefore \quad |\vec{m}|=\dfrac{\sqrt{3}}{2}.$$

$\vec{c}$, $\vec{d}$ のなす角を θ とすると $\dfrac{1}{2}=\vec{c}\cdot\vec{d}=|\vec{c}||\vec{d}|\cos\theta=\cos\theta$ から $\theta=\dfrac{\pi}{3}$. また, $\vec{m}\cdot\vec{c}=\left(\dfrac{\vec{a}+\vec{b}}{2}\right)\cdot\vec{c}=\dfrac{1}{2}(\vec{a}\cdot\vec{c}+\vec{b}\cdot\vec{c})=-\dfrac{\sqrt{6}}{4}$ であるから, $\vec{m}$ と $\vec{c}$ のなす角を γ とすると $-\dfrac{\sqrt{6}}{4}=\vec{m}\cdot\vec{c}=|\vec{m}||\vec{c}|\cos\gamma=\dfrac{\sqrt{3}}{2}\cos\gamma.$ $\therefore \quad \cos\gamma=-\dfrac{\sqrt{2}}{2}.$

$\vec{m}$ と $\vec{d}$ のなす角を δ とおくと, 同様に $\vec{m}\cdot\vec{d}=k$, $\cos\delta=\dfrac{2}{\sqrt{3}}k$ であり,

$$k>0 \text{ だから } 0<\delta<\frac{\pi}{2}. \text{ ゆえに, } \delta=\gamma-\theta=\frac{3\pi}{4}-\frac{\pi}{3}=\frac{5\pi}{12}.$$

$$\cos\frac{5\pi}{12}=\cos\left(\frac{3\pi}{4}-\frac{\pi}{3}\right)=\cos\frac{3\pi}{4}\cos\frac{\pi}{3}+\sin\frac{3\pi}{4}\sin\frac{\pi}{3}=-\frac{\sqrt{2}}{2}\frac{1}{2}+\frac{\sqrt{2}}{2}\frac{\sqrt{3}}{2}$$

$$=\frac{\sqrt{6}-\sqrt{2}}{4}.$$

よって,

$$k=\vec{m}\cdot\vec{d}=\frac{\sqrt{3}}{2}\cos\frac{5\pi}{12}=\frac{3\sqrt{2}-\sqrt{6}}{8}.$$

80.

【解答】

(1) 線分 AB の中点を M とすると, 点 G は直線 CM 上にあり, 点 H は直線 OM 上にある. 従って, 直線 OG と直線 CH はともに同一の平面 OMC 上にあり, かつ平行でないから, この平面上で交わる.

(2) $\overrightarrow{OA}=\vec{a}$, $\overrightarrow{OB}=\vec{b}$, $\overrightarrow{OC}=\vec{c}$ とおくと, $\overrightarrow{OM}=\dfrac{\vec{a}+\vec{b}}{2}$ であるから

$$\overrightarrow{OG}=\frac{2\overrightarrow{OM}+1\cdot\overrightarrow{OC}}{3}=\frac{\vec{a}+\vec{b}+\vec{c}}{3}, \quad \overrightarrow{OH}=\frac{2}{3}\overrightarrow{OM}=\frac{\vec{a}+\vec{b}}{3}.$$

線分 OG を $3:1$ に内分する点を P とすると,

$$\overrightarrow{OP}=\frac{3}{4}\overrightarrow{OG}=\frac{\vec{a}+\vec{b}+\vec{c}}{4},$$

線分 CH を $3:1$ に内分する点を Q とすると,

$$\overrightarrow{OQ}=\frac{1\overrightarrow{OC}+3\overrightarrow{OH}}{1+3}=\frac{\vec{a}+\vec{b}+\vec{c}}{4},$$

$\overrightarrow{OP}=\overrightarrow{OQ}$ であるから 2 点 P, Q は一致する.

従って, これが 2 直線 OG, CH の交点 I である. よって,

$$\overrightarrow{OI}=\frac{\overrightarrow{OA}+\overrightarrow{OB}+\overrightarrow{OC}}{4}.$$

(3) OC の中点を N とすると

$$\frac{\overrightarrow{OM}+\overrightarrow{ON}}{2}=\frac{1}{2}\left(\frac{\vec{a}+\vec{b}}{2}+\frac{\vec{c}}{2}\right)=\frac{\vec{a}+\vec{b}+\vec{c}}{4}=\overrightarrow{OI}$$

であるから MN の中点は I である.

AI=BI, CI=OI であるから, △IAB, △ICO は共に二等辺三角形.

従って，IM⊥AB，IN⊥CO.

△IMB と △INC において IM＝IN，BI＝CI，さらに

$MB^2＝BI^2－IM^2＝BI^2－IN^2＝NC^2$, ∴ MB＝NC.

これから，△IMB と △INC は合同である.

よって，MB＝IC. 従って，OC＝AB.

OA＝BC，OB＝CA も同様である.

(4)

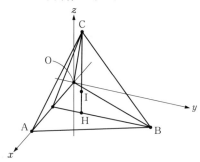

図のように座標系を設定すると

$$\overrightarrow{OA}=\begin{pmatrix}1\\0\\0\end{pmatrix},\ \overrightarrow{OB}=\begin{pmatrix}\dfrac{1}{2}\\\dfrac{\sqrt{7}}{2}\\0\end{pmatrix},\ \overrightarrow{OC}=\begin{pmatrix}\dfrac{1}{2}\\p\\q\end{pmatrix}.$$

$$\overrightarrow{OI}=\frac{1}{4}(\overrightarrow{OA}+\overrightarrow{OB}+\overrightarrow{OC})=\frac{1}{4}\begin{pmatrix}2\\\dfrac{\sqrt{7}}{2}+p\\q\end{pmatrix}=\begin{pmatrix}\dfrac{1}{2}\\\dfrac{\sqrt{7}}{8}+\dfrac{p}{4}\\\dfrac{q}{4}\end{pmatrix}.$$

このとき，

$OA＝BC＝1\iff 0^2+\left(p-\dfrac{\sqrt{7}}{2}\right)^2+(q-0)^2=1\iff p^2+q^2-\sqrt{7}\,p+\dfrac{7}{4}=1,$

$OB＝CA＝\sqrt{2}\iff\left(\dfrac{1}{2}-1\right)^2+(p-0)^2+(q-0)^2=(\sqrt{2})^2\iff p^2+q^2=\dfrac{7}{4}.$

この2式から，$-\sqrt{7}\,p+\dfrac{7}{2}=1.$ ∴ $p=\dfrac{5}{2\sqrt{7}}=\dfrac{5\sqrt{7}}{14}.$ このとき，

$q^2=\dfrac{7}{4}-p^2=\dfrac{7}{4}-\left(\dfrac{5}{2\sqrt{7}}\right)^2=\dfrac{24}{28}.$ ∴ $q=\pm\dfrac{\sqrt{42}}{7}.$

求める球面の半径は I の z 座標 $\dfrac{q}{4}$ の絶対値，すなわち，$\dfrac{\sqrt{42}}{28}.$

(話題と研究)

　まず解答では(3)の後半を初等幾何で，(4)を座標で行いましたが，これらを共によりベクトル寄りな考えで証明することも可能です．ただし，ベクトルの問題だからと言って，全てをベクトルで解く必要はなく，場合に応じ，初等幾何あるいは座標を用いる方が実戦的であるとも言えます．さて，平面上にある任意の三角形には代表的な4つの中心，外心，内心，垂心，重心があり，その内の2つが一致する場合は正三角形になります．空間にある任意の四面体だと，その内の垂心だけが存在するとは限りませんが，他の3つの点は必ずあります．そしてその3つの内で任意の2つが一致するときは，その四面体は4つの面がすべて合同なものとなり，(俗に？)等面四面体と呼ばれています．その意味では等面四面体は正三角形の空間ヴァージョンと言えます．今回の問題では重心と外心が一致するようなケースで考えていますが，その他の組合せで，等面四面体になることを証明しようとすると，初等幾何のほうが考え易くなる様です．特に，重心と内心が一致する場合，まず四面体の4つの面の面積が等しいことがすぐに分かり，「4つの面の面積が等しい四面体は等面四面体である」と言う有名な(？)主張を示すことに帰着します．外心と内心が一致するケースでは，パズルの様に考えることも出来て，推理していくことが好きな人なら楽しく考えられるかもしれません．

　今回の問題でもそうですが，一般に重心及び外心はベクトルで扱い易い傾向にあります．また問題の設問(4)ではIが内心であることも指摘していることになります．

さらに知りたい人のために

11.

[(話題と研究) のチャレンジ問題の解答]

まず $a_1=1-\log 2$ が題意を満たす a_1 の 1 つであることを示す.

$n \geqq 2$ のとき,

$$(1-\log 2)-\frac{1}{2}+\frac{1}{3}-\frac{1}{4}+\cdots+(-1)^{n-1}\frac{1}{n}$$

$$=-\log 2+1-\frac{1}{2}+\frac{1}{3}-\frac{1}{4}+\cdots+(-1)^{n-1}\frac{1}{n}$$

$$=\int_0^1 \left\{-\frac{1}{1+x}+1-x+x^2-x^3+\cdots+(-1)^{n-1}x^{n-1}\right\}dx$$

$$=\int_0^1 \left\{-\frac{1}{1+x}+\frac{1-(-x)^n}{1+x}\right\}dx$$

$$=\int_0^1 \frac{-(-x)^n}{1+x}dx.$$

ここで, これを b_n $(n=2, 3, 4, \cdots)$ とおくと, $b_{2m-1}>0$, $b_{2m}<0$ であることがわかるから, $n=2, 3, 4, \cdots$ において $a_n=b_n$.

次に $a_1=1-\log 2$ に限ることを示す. $a_1=1-\log 2+\alpha$ が題意を満たすとすると, $a_n=\alpha+b_n$ $(n=2, 3, 4, \cdots)$.

ところで, 問題 11 の【解答】(2) (p.16) によると, $\lim_{n\to\infty} a_n=0$, $\lim_{n\to\infty} b_n=0$ であるから $\alpha=0$ である. したがって a_1 は $1-\log 2$ に限る.

20.

[(話題と研究) のチャレンジ問題の解答]

$f(x)=\log x$ $(x>0)$ とすると

$$f'(x)=\frac{1}{x}, \quad f''(x)=-\frac{1}{x^2}<0$$

であるから, イェンゼンの不等式 (p.32) において

$$t_i=x_i \quad (i=1, 2, \cdots, n)$$

とすると,

$$\sum_{i=1}^{n} x_i \log x_i \leqq \log\left(\sum_{i=1}^{n} x_i{}^2\right)$$

$$\Longleftrightarrow \log x_1{}^{x_1} x_2{}^{x_2} \cdots x_n{}^{x_n} \leqq \log(x_1{}^2 + x_2{}^2 + \cdots + x_n{}^2)$$

$$\Longleftrightarrow x_1{}^{x_1} x_2{}^{x_2} \cdots x_n{}^{x_n} \leqq x_1{}^2 + x_2{}^2 + \cdots + x_n{}^2.$$

等号は $x_1 = x_2 = \cdots = x_n = \dfrac{1}{n}$ のときに限り成立する.

34.

ここでは,問題 18 の (話題と研究)(p.30)でお話したように,任意の実数 x に対して成立する等式

$$e^x = 1 + \frac{x}{1!} + \frac{x^2}{2!} + \frac{x^3}{3!} + \frac{x^4}{4!} + \cdots \qquad \cdots ①$$

を証明します.

証明の方針として問題 27 の【解答】(2)(p.47)に出てきた

$$J_n = -t^n e^{-t} + n J_{n-1} \quad (n=1,\ 2,\ 3,\ \cdots)$$

$$ただし,\ J_n = \int_0^t x^n e^{-x} dx$$

を用いれば,先に話した $e = 1 + \dfrac{1}{1!} + \dfrac{1}{2!} + \dfrac{1}{3!} + \cdots$ の導き方とほぼ同じ方法でいけます.

(① の証明)

$J_n = -t^n e^{-t} + n J_{n-1}$ より,

$$\frac{J_n}{n!} = \frac{J_{n-1}}{(n-1)!} - \frac{1}{e^t} \cdot \frac{t^n}{n!}$$

$$= \frac{J_0}{0!} - \frac{1}{e^t}\left(\frac{t}{1!} + \frac{t^2}{2!} + \frac{t^3}{3!} + \cdots + \frac{t^n}{n!}\right)$$

$$= 1 - \frac{1}{e^t} - \frac{1}{e^t}\left(\frac{t}{1!} + \frac{t^2}{2!} + \frac{t^3}{3!} + \cdots + \frac{t^n}{n!}\right)$$

$$= 1 - \frac{1}{e^t}\left(1 + \frac{t}{1!} + \frac{t^2}{2!} + \frac{t^3}{3!} + \cdots + \frac{t^n}{n!}\right).$$

よって,

$$\frac{e^t}{n!} J_n = e^t - \left(1 + \frac{t}{1!} + \frac{t^2}{2!} + \frac{t^3}{3!} + \cdots + \frac{t^n}{n!}\right). \qquad \cdots ②$$

ところで,

$$|J_n| = \left| \int_0^t x^n e^{-x} \, dx \right|$$

$$\leq e^{|t|} \left| \int_0^t x^n \, dx \right|$$

$$= \frac{1}{n+1} e^{|t|} |t|^{n+1}$$

より，

$$\left| \frac{e^t}{n!} J_n \right| \leq e^{2|t|} \frac{|t|^{n+1}}{(n+1)!}.$$

ここで，たとえば問題 7 の【解答】(2)(p.10) で示した不等式

$$(n!)^2 > n^n$$

を使うと，

$$n! > (\sqrt{n})^n$$

より，

$$\left| \frac{e^t}{n!} J_n \right| \leq e^{2|t|} \frac{|t|^{n+1}}{(\sqrt{n+1})^{n+1}}$$

$$= e^{2t} \left| \frac{t}{\sqrt{n+1}} \right|^{n+1} \longrightarrow 0 \quad (n \to \infty)$$

であるから ② により ① が示された．

(証明終り)

41.

問題 34 の 話題と研究 (p.57) および問題 35 の【解答】(3)(p.58) で極限

$$\lim_{n \to \infty} \int_0^1 x^n e^{-x} \, dx = 0, \quad \lim_{n \to \infty} \int_0^1 x^n e^x \, dx = 0$$

を示したことを思い出してください．そこでは被積分関数を直接評価すること
により証明しましたが，部分積分を使う方法もあります．たとえば 1 つ目の式
の極限は

$$\int_0^1 x^n e^{-x} \, dx = \left[\frac{1}{n+1} x^{n+1} e^{-x} \right]_0^1 - \frac{1}{n+1} \int_0^1 x^{n+1}(-e^{-x}) \, dx$$

$$= \frac{1}{n+1} \cdot \frac{1}{e} + \frac{1}{n+1} \int_0^1 x^{n+1} e^{-x} \, dx$$

であることと，不等式

$$0 < \frac{1}{n+1} \int_0^1 x^{n+1} e^{-x} \, dx < \frac{1}{n+1} \int_0^1 1 \cdot 1 \, dx = \frac{1}{n+1} \qquad \cdots ①$$

が成り立つことによって，はさみうちの原理から $\lim_{n\to\infty} \int_0^1 x^n e^{-x} dx = 0$ であることがわかるのです．

証明としては前に示した方法に比べ少しまわりくどくみえますが，①において被積分関数 $x^{n+1}e^{-x}$ の評価自体はあまくしてもよくなっていることに注意してください．これは，初めに与えられた式の被積分関数に x^n が入っていたため，ここが部分積分により $\dfrac{1}{n+1}x^{n+1}$ の形に変形されて，あとで極限 $n\to\infty$ をとるときに $\dfrac{1}{n+1}$ がうまく働くからなのです．同じようなことですが，被積分関数に $f(nx)$ の形が入っているときも，ここを部分的に積分することにより，$\dfrac{1}{n}$ を出現させることができますね．本問(問題41)の【解答】の着想はここにあるのです．このことはテクニックとしてとても重要ですので，忘れないようにしてくださいよ．

42.

本問の別解を考えてみましょう．そのアイデアは前ページでお話した内容にあります．被積分関数の中の $|\sin nx|$ に注目して，ここを部分的に積分するのです．

【別解】

まず $y=|\sin x|$ のグラフを考えます．

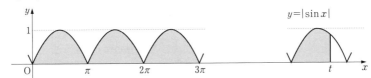

$t\geqq0$ のとき，

$$f(t)=\int_0^t |\sin x|\,dx$$

は上図の網目部分の面積を表しますから，

$$\begin{cases} f(k\pi)=k\int_0^\pi \sin x\,dx=2k \quad (k=0,\ 1,\ 2,\ \cdots) & \cdots ① \\[2mm] \dfrac{2}{\pi}(t-\pi)\leqq f(t)\leqq\dfrac{2}{\pi}(t+\pi) & \cdots ② \end{cases}$$

が成立します．

さて，部分積分と ① を使って，

$$\int_0^{n\pi} e^{-x}|\sin nx|\,dx = \left[e^{-x}\cdot\frac{1}{n}f(nx) \right]_0^{n\pi} - \int_0^{n\pi}(-e^{-x})\cdot\frac{1}{n}f(nx)\,dx$$

$$= 2ne^{-n\pi} + \frac{1}{n}\int_0^{n\pi} e^{-x}f(nx)\,dx. \qquad \cdots③$$

ここで ② より，

$$\frac{1}{n}\int_0^{n\pi} e^{-x}\cdot\frac{2}{\pi}(nx-\pi)\,dx$$

$$\leqq \frac{1}{n}\int_0^{n\pi} e^{-x}f(nx)\,dx$$

$$\leqq \frac{1}{n}\int_0^{n\pi} e^{-x}\cdot\frac{2}{\pi}(nx+\pi)\,dx.$$

$$\frac{2}{\pi}\int_0^{n\pi} xe^{-x}\,dx - \frac{2}{n}\int_0^{n\pi} e^{-x}\,dx$$

$$\leqq \frac{1}{n}\int_0^{n\pi} e^{-x}f(nx)\,dx$$

$$\leqq \frac{2}{\pi}\int_0^{n\pi} xe^{-x}\,dx + \frac{2}{n}\int_0^{n\pi} e^{-x}\,dx.$$

さらに $\displaystyle\lim_{t\to\infty}\int_0^t xe^{-x}\,dx=1$，$\displaystyle\lim_{t\to\infty}\int_0^t e^{-x}\,dx=1$（問題 27 の【解答】(2)（p.47）で，より一般的な場合を計算しています）だから，$n\to\infty$ のときこの不等式の中央の式は $\dfrac{2}{\pi}$ に収束します．

したがって ③ により，

$$\lim_{n\to\infty}\int_0^{n\pi} e^{-x}|\sin nx|\,dx = \frac{2}{\pi}.$$

（別解終り）

1 つの問題を考えているとき，自分の試した方法がいつもうまくいくとは限りません．ただ幸いにして成功したとき，それがなぜうまくいったのかを考えることはとても大切です．いまの別解をかえりみておきましょう．$y=\sin x$ は周期関数としての特徴がありますが，被積分関数の中に入っていると整式に比べて扱いにくいところもあります．そして $y=|\sin x|$ も同様です．しかしこの定積分 $y=\displaystyle\int_0^x |\sin t|\,dt$ はどうでしょうか．これは先ほどの図で見たように単調増加です．しかも ② の式がその増加の性質を表しています．つまり増加の仕方が 1 次関数的なのです．もちろん 1 次関数と比べて多少の誤差がありますが，この誤差の部分が部分積分法により出てきた $\dfrac{1}{n}$ の働きで $n\to\infty$ のとき消えて

いくのです.

53.

(2)で得た I_n の漸化式

$$I_n = \frac{1}{2n-1} - I_{n-1} \quad (n=1, 2, \cdots)$$

について考えてみましょう.

$$\frac{(-1)^{n-1}}{2n-1} = (-1)^{n-1} I_n - (-1)^{n-2} I_{n-1} \qquad \cdots ①$$

とすれば, $\dfrac{(-1)^{n-1}}{2n-1}$ を $\{(-1)^{n-1} I_n\}$ の階差数列として表したことになります.
この形から

$$\sum_{k=1}^{n} \frac{(-1)^{k-1}}{2k-1} = \sum_{k=1}^{n} \{(-1)^{k-1} I_k - (-1)^{k-2} I_{k-1}\}.$$

$$1 - \frac{1}{3} + \frac{1}{5} - \frac{1}{7} + \cdots + (-1)^{n-1} \frac{1}{2n-1}$$

$$= (-1)^{n-1} I_n + I_0$$

$$= \frac{\pi}{4} + (-1)^{n-1} I_n$$

$$= \frac{\pi}{4} + (-1)^{n-1} \int_0^1 \frac{x^{2n}}{1+x^2} dx.$$

これは, あえていうと数列 $\left\{ \dfrac{(-1)^{n-1}}{2n-1} \right\}$ の和を定積分の形で求めたことになります. ① の形から数列の和を計算するのは一般的な方法ですが, ここでは無限級数の和の計算に用いられます.

本問の（話題と研究）(p.90)における ② 式は, 形式的には無限等比級数

$$\frac{1}{1+x^2} = 1 - x^2 + x^4 - x^6 + x^8 - \cdots \quad (|x|<1) \qquad \cdots ②$$

の定積分

$$\int_0^1 \frac{1}{1+x^2} dx = \int_0^1 (1 - x^2 + x^4 - x^6 + x^8 - \cdots) dx$$

を計算すれば得られる等式ですが, 積分範囲の端の値 $x=1$ で ② が収束しないこと, 右辺の積分を計算するときに項別積分（定積分と無限和との交換）をしなくてはならないことなどの問題点があるのです. その点, ① を使うならば, これらの問題に悩まなくてすみます.

次に，この方法の決定的な利用例をみてみましょう．少し長くなりますが，ぜひがんばってつきあってくださいね．

$$J_n = \int_0^{\frac{\pi}{2}} x^2 \cos^{2n} x \, dx \quad (n = 0, 1, 2, \cdots)$$

とすると，

$$J_{n-1} - J_n = \int_0^{\frac{\pi}{2}} x^2 (\cos^{2n-2} x - \cos^{2n} x) \, dx$$

$$= \int_0^{\frac{\pi}{2}} x^2 \sin^2 x \cos^{2n-2} x \, dx$$

$$= \left[x^2 \sin x \cdot \frac{-\cos^{2n-1} x}{2n-1} \right]_0^{\frac{\pi}{2}} - \int_0^{\frac{\pi}{2}} (2x \sin x + x^2 \cos x) \cdot \frac{-\cos^{2n-1} x}{2n-1} \, dx$$

$$= \frac{1}{2n-1} J_n + \frac{2}{2n-1} \int_0^{\frac{\pi}{2}} x \sin x \cos^{2n-1} x \, dx$$

より，

$$J_{n-1} - \frac{2n}{2n-1} J_n$$

$$= \frac{2}{2n-1} \left\{ \left[x \cdot \frac{-\cos^{2n} x}{2n} \right]_0^{\frac{\pi}{2}} - \int_0^{\frac{\pi}{2}} \frac{-\cos^{2n} x}{2n} \, dx \right\}$$

$$= \frac{1}{(2n-1)n} \int_0^{\frac{\pi}{2}} \cos^{2n} x \, dx. \qquad \cdots ③$$

ここで $\int_0^{\frac{\pi}{2}} \cos^{2n} x \, dx (= K_n$ とおく）を求めておきます．

$$K_{n-1} - K_n = \int_0^{\frac{\pi}{2}} \sin^2 x \cos^{2n-2} x \, dx$$

$$= \left[\sin x \cdot \frac{-\cos^{2n-1} x}{2n-1} \right]_0^{\frac{\pi}{2}} - \int_0^{\frac{\pi}{2}} \left(-\frac{\cos^{2n} x}{2n-1} \right) dx$$

$$= \frac{1}{2n-1} K_n. \qquad \cdots ④$$

ゆえに

$$K_n = \frac{2n-1}{2n} K_{n-1} \quad (n = 1, 2, \cdots)$$

が成立することから，

$$K_n = \frac{2n-1}{2n} \cdot \frac{2n-3}{2n-2} \cdot \cdots \cdot \frac{1}{2} K_0$$

$$= \frac{(2n-1)(2n-3) \cdots 1}{(2n)(2n-2) \cdots 2} \int_0^{\frac{\pi}{2}} dx$$

$$= \frac{(2n-1)(2n-3) \cdots 1}{(2n)(2n-2) \cdots 2} \cdot \frac{\pi}{2}$$

となります.

したがって ③ により,

$$J_{n-1}-\frac{2n}{2n-1}J_n=\frac{1}{(2n-1)n}\cdot\frac{(2n-1)(2n-3)\cdots1}{(2n)(2n-2)\cdots2}\cdot\frac{\pi}{2}.$$

$$\frac{(2n-2)(2n-4)\cdots2}{(2n-3)(2n-5)\cdots1}J_{n-1}-\frac{(2n)(2n-2)\cdots2}{(2n-1)(2n-3)\cdots1}J_n=\frac{\pi}{4n^2}.$$

$$\left(\text{ただし } n=1 \text{ のときは, } J_0-2J_1=\frac{\pi}{4}\right)$$

この式の左辺の形を見てください. 少し複雑ですが階差になっています. これは ① に相当する式です. ということは, これにより右辺の和が計算できることになります.

$$\sum_{k=1}^n\frac{\pi}{4k^2}=\sum_{k=1}^n\left\{\frac{(2k-2)(2k-4)\cdots2}{(2k-3)(2k-5)\cdots1}J_{k-1}-\frac{(2k)(2k-2)\cdots2}{(2k-1)(2k-3)\cdots1}J_k\right\}$$

$$=J_0-\frac{(2n)(2n-2)\cdots2}{(2n-1)(2n-3)\cdots1}J_n.$$

$$\sum_{k=1}^n\frac{1}{k^2}=\frac{4}{\pi}\left\{\int_0^{\frac{\pi}{2}}x^2\,dx-\frac{(2n)(2n-2)\cdots2}{(2n-1)(2n-3)\cdots1}J_n\right\}$$

$$=\frac{\pi^2}{6}-\frac{4}{\pi}\cdot\frac{(2n)(2n-2)\cdots2}{(2n-1)(2n-3)\cdots1}J_n. \qquad\cdots⑤$$

これで,

$$\sum_{k=1}^n\frac{1}{k^2}=\frac{1}{1^2}+\frac{1}{2^2}+\cdots+\frac{1}{n^2}$$

を定積分により表すことができました.

ここまでくれば, ぜひ示しておきたいことがありますよね.

まず,

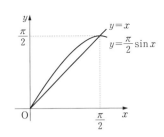

$$J_n=\int_0^{\frac{\pi}{2}}x^2\cos^{2n}x\,dx$$

$$<\int_0^{\frac{\pi}{2}}\frac{\pi^2}{4}\sin^2x\cos^{2n}x\,dx$$

$$<\int_0^{\frac{\pi}{2}}\frac{\pi^2}{4}\sin^2x\cos^{2n-2}x\,dx$$

が成り立ち, これと ④ により,

$$J_n<\frac{\pi^2}{4}\cdot\frac{1}{2n-1}K_n$$

$$=\frac{\pi^2}{4}\cdot\frac{1}{2n-1}\cdot\frac{(2n-1)(2n-3)\cdots1}{(2n)(2n-2)\cdots2}\cdot\frac{\pi}{2}.$$

したがって

$$0 < \frac{(2n)(2n-2)\cdots2}{(2n-1)(2n-3)\cdots1}J_n < \frac{\pi^3}{8} \cdot \frac{1}{2n-1}$$

より，はさみうちの原理から，

$$\lim_{n\to\infty}\frac{(2n)(2n-2)\cdots2}{(2n-1)(2n-3)\cdots1}J_n = 0.$$

これで ⑤ により，

$$\frac{1}{1^2} + \frac{1}{2^2} + \frac{1}{3^2} + \cdots = \frac{\pi^2}{6}$$

が示されました．数学者**オイラー**〈Euler〉が初めて示した興味深い等式です．